青少年探索文库
QingShaoNianTanSuoWenKu

送给心灵的礼物

张　锐　高丽丽　编

吉林人民出版社

图书在版编目（CIP）数据

送给心灵的礼物 / 张锐, 高丽丽编. — 长春：吉林人民出版社, 2010.10（2021.3重印）
（青少年探索文库）
ISBN 978-7-206-07086-0

Ⅰ.①送… Ⅱ.①张… ②高… Ⅲ.①人生哲学–青少年读物 Ⅳ.①B821-49

中国版本图书馆CIP数据核字(2010)第192124号

送给心灵的礼物

编　　者：张　锐　高丽丽
责任编辑：郭雪飞
吉林人民出版社出版（长春市人民大街 7548 号　邮政编码：130022）
印　刷：三河市燕春印务有限公司
开　本：700mm×970mm　　1/16
印　张：13　　字数：110 千字
标准书号：ISBN 978-7-206-07086-0
版　次：2010 年 10 月第 1 版　　印　次：2021 年 3 月第 2 次印刷
定　价：39.00 元

目　录

道德是一种选择的习惯

一个人多做好事，养成高尚的品德，

自然会精神面貌一新，并具备着圣人的智慧

积土成山，风雨兴焉；积水成渊，蛟龙生焉；积善成德，而神明自得，圣心备焉。

（中国）荀　子

违反道义，这是事业所以失败的缘故；

背叛仁德，这是怨恨所以积聚的原因

倒违反义，则事之所以败也；逆背叛德，则怨之所以聚也。

（中国）韩非子

美德不是用来交换的商品，而是无私的付出

对于心地善良的人来说，付出代价必须得到报酬这种想法本身就是一种侮辱。美德不是装饰品，而是美好心灵的表现形式。

（法国）纪　德

道德是一种选择的习惯

道德是一种在行为中造成正确选择的习惯，并且，这种选择乃是一种合理的欲望。

（古希腊）亚里士多德

道德的基础是对整体幸福的追求

道德的基础不是对个人幸福的追求，而是对整体的幸福，即对部落、民族、阶级、人类的幸福的追求。

（俄国）普列汉诺夫

道德就是顺应人的本性的生活

动物的第一个爱好就是保护自己，像克吕西普在他的《论目的》第一篇里所肯定的，他在那里说，每一个动物的第一个与最高贵的对象，就是它自己的存在以及对这存在的意识。因为任何动物同它自己疏远了，或者甚至于变得对自己漠不关心，既不同自己疏远，也不对自己有兴趣，都是不自然的。

当某种爱好被添加到动物身上时，它们因此便能够寻找它们的正当食物；斯多葛派说，对于它们，自然的规则就是追随着爱好的指导。但是当理性按照一种更完满的原则被赋予理性动物时，所谓按照自然生活恰好便是正确地按照理性而生活。因而可以说，自然正是制造这种爱好的艺术家。

（希腊）第欧根尼

符合道德的人生将获得美和尊严

人类最重要的努力莫过于在我们的行动中力求维护道德准则。我们的内心平衡甚至我们的生存本身全都依赖于此。只有按照道德行事，才能赋予生活以美和尊严。

（德国）爱因斯坦

道德有洁癖，不洁的人实在不配碰它

道德无所谓新旧，唯真纯的人才能够说得上道德的两字，若言不顾行，行不顾言，那不管你天天在高叫道德，结果终是一个坏人。

（中国）郁达夫

道德使人们互相从对方处得到幸福

因为有道德的存在，我尽心竭力以使他人享受幸福，他人也尽心竭力以使我享受幸福，于是彼此乃欢然同乐。

（中国）朱光潜

爱是道德中最娇嫩最美丽的花朵

没有任何东西能比人类的爱更富有智慧、更复杂。它是花丛中最娇嫩的而又最质朴、最美丽和最平凡的花朵，这个花丛的名字叫道德。

（苏）苏霍姆林斯基

欺诈会腐蚀人的天性

自从欺诈渗进了人们的天性中以后，人本来就只剩一个外表了。

（英）莎士比亚

仅仅热爱秩序是不可能有道德的

首先，如果秩序不是我自己的一部分的话，热爱秩序这一感情就不足以抵消我对我个人利益的感情：一个纯粹理论观点不可能超越人心内的感情，否则就成了我们愿意接受外在于我的东西，而这种感情是不合乎天性的。如果我是秩序的一部分，那么事物的秩序就都与我自己有关了，而既然我自己是这个次序的中心，要我不将一切事物都与我个人的好处联系起来就是荒谬和矛盾的。因此，仅仅热爱秩序是不可能有道德的。

（法国）卢　梭

同情使得人与人之间的墙消失，产生“仁”爱

我们对别人的基本倾向是羡妒还是同情，这一点决定了人类的美德和恶德。每个人都具有这两种完全相反的性质；因为这些性质产生于人在自己命运和他人命运之间所作的无可避免的比较。依这种比较结果对他个性的影响如何，决定他采取哪一种性质作为自己行动的原则。羡妒在人与人之间，在你与我之间，建立一道坚厚的墙；同情则使这道墙变松变薄；有时候，甚至彻底把它推倒；于是，自我与非我之间的区别便消失了。

缺德出于无聊

一个人的生活有时竟会那样贫乏，以致他不得不珍视自己的美德，并且以此为生；因此可以说，人们的缺德常常是出于无聊。

（苏联）高尔基

道德是人立身之本

人之风动一世，在品行，而不在地位；地位虽高，无品行，何得风动一世。

（英国）史迈尔

道德的用武之地在社会不强不弱者之中

强者践踏道德，弱者受道德爱抚。受道德迫害的经常是不

强不弱者。

（日本）芥川龙之介

道德支持人生活的信心

在患难中支持着的是道德，使我不曾自杀的，除了艺术之外，也是道德。

（德国）贝多芬

幸运显恶德，厄运显美德

美德有如名香，经燃烧或压榨而其香愈烈，盖幸运最能显露恶德而厄运最能显露美德也。

（英国）培　根

由于顺从而变成奴隶要比被迫沦为奴隶可耻百倍

他们崇敬他们的主人，也就是君王与贵族，并不以身为奴隶为耻——这种奴隶对奴隶制的本质视而不见，相比起来，他们比我们的黑奴还低贱，因为如果可以这么说的话，由于顺从而变成奴隶，要比被迫沦为奴隶更加卑鄙。

（美国）马克·吐温

道德不良对心灵产生强烈危害

道德的营养不良和精神的中毒对人的心灵的危害，正如身体的营养不良对于身体健康的危害一样。

（意大利）蒙台梭利

史家修史所持的道德标准有如鉴定衡平，实事求是

总而言之，史家道德，有如鉴定衡平，是什么，照出来就是什么，有多重，称出来就有多重，把自己的主观意见铲除净尽，把自己性格养成像镜子和天平一样。

（中国）梁启超

信念是人类精神的粮食

信心是事业成功的保障

人的思维是了不起的，只要专注于某一项事业，那就一定会做出许多使自己都感到吃惊的成绩来。

（美国）马克·吐温

思想激发出来的力量足以征服人心

无论什么思想，都不是靠它本身去征服人心，而是靠它的力量；不是靠思想的内容，乃是靠那道在历史上某些时期放射出来的生命的光辉。

（法国）罗曼·罗兰

创造性的思想才能给后人留下财富

只有运用创造性的思想，一个人才能永垂不朽。

（苏联）革拉特珂夫

永远尽你所能，永远不气馁，永远不小看自己

要永远尽你所能，永远不气馁，永远不小看自己，永远要记住，别人可能恨你，可是恨你的那些人是不会胜利的，除非你也恨他们，而那样，你也就毁了自己。

（美国）尼克松

对真理的渴望是人的生命动力

世界上有些人渴望寻获真理，他们的要求非常强烈，为了达到这个目的，就是叫他们把生活的基础完全打翻，也在所不惜。

（英国）毛　姆

顽强的毅力可以征服世界上任何一座高峰

苦难对于天才是一块垫脚石……对能干的人是一笔财富，对弱者是一个万丈深渊。

（法国）巴尔扎克

信念是人类精神的粮食

信念是储备品，行路人在破晓时带着它登程，但愿他在日暮以前足够使用。

（俄国）柯罗连科

卑微的时候容易产生奇迹

请您记住，当世界变得最卑微的时刻，当生命日益空虚，一切都披上利己和冷酷的外衣的时刻，当不再有人相信奇迹的时刻，正是产生比一切奇迹更为奇迹的时刻……就像最猛烈的风暴只是在海面最平静的时候掀起一样。

（俄国）果戈理

理想是完美生活的明灯

如果能追随理想而生活，本着正直自由的精神，勇往直前的毅力，诚实不自欺的思想而行，则定能臻于至美至善的境地。

（法国）居里夫人

树的理想是等待雷火之第一击

查拉斯图拉发现一个少年总是回避他。某晚，他往彩牛城边的高山上去散步，吓，他看见这少年靠着树坐着，疲乏的目光望着深谷。查拉斯图拉抱着这少年倚坐的那棵树说：

“如果我想用手去摇撼这棵树，我不能够。

但是，我们不能看见的风，却随意地摇撼它弯屈它。同样地，我们也被不能看见的手所弯屈所摇撼。”

“你为什么惊怕呢？——人与树是一样的。

他越想向光明的高处升长，他的根便越深深地伸入土里，黑暗的深处去，——伸入恶里去。”

这树独自在山上高大起来；它在人与兽之上成长着。

如果它想说话，任何人不能了解它；它长得太高了。

于是它等候着，等候着，——等候什么呢？它住得太靠近云座了：它或许等候雷火之第一击吧！”

（德国）尼　采

支配我们生活的给予与汲取的原则是期待的原则

在给予中期待着汲取，在汲取中期待着给予。作为期待的原则它不是决定性的，而是概率性的。人生就是建立在概率性的东西之上。人生中，概率性的东西是确实之物。

期待具有束缚人的行为的魔力，我们的行为总是在其束缚之下。道德的束缚力的基础也在此。逆他人的期待而行动要比想象困难得多。有时必须要有彻底逆他人的期待而行动的勇气。总是按世间的期待行动的人往往最终不能发现自己。被称为秀才的人终于以平凡的一生而结束便是一例。

（日）三木清

回黄转绿无定期，世事返复君所知

身外之名，只是为社会上一般人所追求、惊叹；对个人本身的渺小与伟大都没有相干。

（中国）傅　雷

有希望就有光明

希望是附丽于存在的，有存在，便有希望，有希望，便是光明。如果历史家的话不是诳话，则世界上的事物可还没有因为黑暗而长存的先例。黑暗只能附丽于渐就灭亡的事物，一灭亡，黑暗也就一同灭亡了，它不永久。然而将来是永远要有的，并且总要光明起来；只要不做黑暗的附着物，为光明而灭亡，则我们一定有悠久的将来，而且一定光明的将来。

（中国）鲁　迅

人类最大的财富是希望

没有希望，生活还有什么意义呢？人之所以异于禽兽，就因为人知道希望，既有希望，就免不了有失望。失望不算痛苦，整日的无希望而生活着，才算痛苦呀。

（中国）茅　盾

信仰要坚固，生活要圆转

信仰要坚固，生活要圆转，也可以说，质要硬，形要软，质硬则不论在怎样环境都可以处，可以耐，可以顶住，可以不受影响，富贵不能淫，贫贱不能移，威武不能屈，和水一样的维持本性，而作坚韧的奋斗，形软则在任何环境都可适应，都可存在，都可深入。

（中国）夏 衍

君侯贵胄应当感到我们的伟大

君王和公卿尽可以造就教授和机要参赞，尽可以赏赐这些人头衔和勋章，但他们不能造就超越庸俗社会的心灵……，因而像我和哥德这样的两个人在一起时，这些君侯贵胄应当感到我们的伟大。

（德国）贝多芬

人的幸福在于为正义而斗争

最优秀的人宁愿取一件东西而不要其他的一切，这就是：宁取永恒的光荣而不要变灭的事物。可是多数人却在那里像牲畜一样狼吞虎咽。

（古希腊）赫拉克利特

我总要坚守着我的立场，忍受一切

始终不渝地忠于她的信仰和理想；不避酷刑，藐视烈火，而对永劫不复和进地狱受苦的威胁，她的回答是干脆的一句话：

"要怎么样就怎么样吧，我总要坚守我的立场，忍受一切。

（美国）马克·吐温

美的真理只有依靠我们的人格才能完美的认识

在我们理性的熔炉中，现象世界消融了，我们将其称为虚幻，这就是消极观点。然而我们的欢乐是积极的一朵花，当我们分析它时，它是无，但当我们欣赏它而感到欢乐时，它就是一朵花。这种欢乐是真实的，因此它是人格的。

（印度）泰戈尔

产谷物的地，它有自身的快乐

那种极少把自己的幸福依附于他人，具有多种多样的志趣而且自己能自由支配志趣的人，便是幸福的人。他是热爱学说和科学的。同时他既是最有主见的，又是最有教养的。研究自然和人的哲学，也会带来真实的快乐。……诗歌、音乐、写生、雕刻、建筑——所有这些都是他的快乐的新源泉。

（法国）爱尔维修

自我信赖包容了一切美德

一切的美德都包含在自我信赖里。哲人应当是自由的——自由而勇敢；就连在他给自由下的定义也表示他的自由；"没有一点障碍、除非是从他自己的素质里兴起的阻碍。"勇敢，因为一个学者的天职是要把恐惧这样东西撇在脑后。

（美国）爱默生

快乐就是用自己的头脑思考

他应当相信一只气枪的枪声就是气枪的枪声，即使世界上最年老最可尊敬的人断言它是世界末日的霹雳声。他应当沉默、稳定，绝对置身事外，坚持他自己的见解；继续不断地观察着，耐心地，不怕被人忽视，不怕被人责备，坐待时机——只要他能自己觉得满意，认为他今天真正看到了一些什么，他就很快乐了。

（美国）爱默生

骄傲是奔向真理义无反顾的顽强

骄傲并不是狂妄。骄傲，是对生命大任的负责，是奔向真理义无反顾的顽强，是独立不倚出污泥而不染的坚贞。此等人物，都是识透了人生意蕴，把生命奉献于某种有益人群的工作上，表现在生活形态方面便是不计较自我牺牲！这些对生命自负的人，却也是面对真理最谦虚的人。孔子说："吾有知乎哉？无知也。"中山先生更是恬淡自然，虚怀若谷，他在和任何人写信或演讲的时候，总把对方当做朋友看待，平常都以"弟"自称。这都是服膺真理的表现。但是，对于邪恶的小人，他们都又嫉之如仇。

（中国）郭　枫

向着高处看可以促使人成长

你问我去何方，我指向大海的方向

人类，犹如一支浮标，任何风浪也无法使它沉没，相反，它终将找到自己的安全港。

(美国) 梭　罗

你若喜爱你自己的价值，你就得给世界创造价值

我的人生哲学是工作，我要揭示大自然的奥秘，并以此为人类造福。我们在世的短暂的一生中，我不知道还有什么比这种服务更好的了。

(美国) 爱迪生

从地底下爬上来，才不会遭到第二次失败

人的痛苦与烦恼，仅仅在头脑中反复折腾着，还算不着真正的痛苦与烦恼。而真正的是闯入死胡同（走到路的尽头），进退维谷，拼命挣扎，一筹莫展，这才深切地感到生理上的痛苦了。人经历过这一痛苦过程，懂得了真正的人生价值。所以，人不经磨难，是不会通向成功之路的。所以，我喜欢“从地底下爬上来”这句名言，感到这句话蕴育着强大的生命力，相信经历过从地底下爬上来的人是坚强的人。这样的人不会灰心丧气，也决不会遭到第二次的失败。

（日本）田边升一

向着高处看可以促使人成长

向学生证明这一点很容易，我只需问：“你们班上谁希望写出美国最伟大的小说？谁希望当议员，州长或总统；谁希望当联合国秘书长？谁希望当伟大的作曲家；谁渴望成为一个圣人？谁将成为伟大的领导者等问题。在这种情况下，大家通常的反应都是咯咯地笑，红着脸，不安地蠕动。然后我又接着说：“如果不是你们，那又是谁。”当心把我的研究生们逐渐推向这些较高级的抱负水平时，我以同样的方式问他们：“你正在悄悄地计划写一本什么伟大的著作吗？”他们通红着脸，结结巴巴地搪塞过去。但我为什么不该问那样的问题呢？因此我还会问：“你难道不打算成为心理学家吗？”“当然想啦。”

你正在学习成为一个沉默寡言，谨小慎微的心理学家吗？那有什么好处？那并不是一条通向自我实现的理想途径。不，你必须想当一名第一流的心理学家，就是说最好的，尽你所能成为最好的心理学家。假如你愿降格以求，那我就警告你，你的余生会感到很痛苦，你将逃避自己的能力，逃避自己的可能性。

（美国）马斯洛

追求目标，会给你强大的自我控制时间的能力

青年人谁在睡下时不想想一天中取得了什么，他就没有前进。……要找出时间来考虑一下，一天中做了些什么，是正号还是负号，假若是正号，很好；假若是负号，那就要采取措施。

（保加利亚）季未特洛夫

每向前一步，往往要后退一步或半步

我们必须敦促自己，更注意去发展那些与丰富知识、提高技能不同的东西——如果它存在的话。人要变得有价值，那就意味着要发展我们与他人相处的关系，要善于在闲暇之际会适当地娱乐。在这发展之中，伴随着新的阶段，会出现新的障碍，这样，为了每向前一步，往往就要向后退一步或半步。

（英国）杰拉尔德·布瑞南

没有可以“安居”的“中游”

在这个时代里，并没有可以“安居”的“中游”。因为时代不能因为你而停止前进，而且群众的力量还要推动时代跑得更快。今天的“中游”可能就是明天的“下游”，一旦落到“下游”，就难免要被时代抛弃，不能怨时代无情，只能怪自己不求上进。

（中国）巴　金

个人的生命应该为他人放散

个人的生命应该为着他人放散，在必要的时候，还应该为着他人放弃。我们每个人都有着更多的思想，更多的同情，更多的爱慕，更多的欢乐，更多的眼泪，比我们维持自己的生存所需要的多得多，所以我们就会感到内部的干枯，正如朋友所说：“我们的天性要我们这样做，就像植物不得不开花一样，即使开花以后，接下去就是死亡，它仍然不得不开花。

（中国）巴　金

应该把生命之身驶行在悲剧里

你应该把你的生命之船驶行在悲剧里（奋斗中所受的苦痛，我这样解释悲剧），在悲剧中振发你的活力，完成你的创造，只要你不为中途所遇的灾疫而覆船，则尽力为光明的前途（即目的地）而以此身抵挡一切苦痛，串演无数悲剧，这才算是一个人类的战士。

（中国）巴　金

爱你自己的个性

你如果喜欢朋友，就先要喜欢你自己，喜欢你自己的个性；但你更要宽容别人，和尊重别人的个性。

当你喜欢你自己的时候，你就不会觉得自卑，当你宽容别人的时候，你就不会感到自己和别人站在敌对的地位。能有这种感觉时，你即使仍然没有很多朋友，你也一样会觉得满意和心安理得了。

假如你爱自己，而且也希望别人所爱的是你的本色，那么，你就不必去模仿别人，而要发挥你的本色，使它显示出光彩来。

朋友！每一个都有他自己尚未发现的内在。你也有的！

（中国台湾）罗　兰

对真理的追求要比对真理的占有更可贵

我不能说我不珍重这些荣誉，并且我承认它很有价值。不过，我却从来不曾为追求这些荣誉而工作。

（英国）法拉第

语言并不能代替行动，行动才是最响亮的语言

现实是此岸，理想是彼岸，中间隔着湍急的河流，行动则

是架在川上的桥梁。

（俄国）克雷洛夫

自私的心不会为幸福而跳动

一个人如果由于只想到自己，因而只爱他本人的话，他就再也感觉不到什么叫快乐了，他冰冷的心再也不会被高兴的事打动了，他的眼睛再也不会流出热情的眼泪了，他对任何东西都不喜欢了；这可怜的人既没有什么感觉，也没有什么生气，他已经是死了。

（法国）卢　梭

第二个人看清楚前面是深渊，可是仍投身下去……

做第二人不需要有十分天才，但是却需要有十二分勇气。首创者陶醉于革新，可是对危险视而不见；第二人看清楚前面是深渊，可是他投身下去。

（法国）雨　果

如果仅剩下一名奋斗者，我就是最后一名

如果还有一千人，那好，就有我一份！

即使还有一百人，我要和暴君拼命！

如果剩下十个人，我就是第十个人！

如果仅有一个人，我就是最后一名！

（法国）雨　果

生命的不屈反抗在于心灵上对更高理想的向往

无论铜墙石塔，密不透风的牢狱，或是坚不可摧的锁链，都不能拘囚坚强的心灵；生命太厌倦于这些尘世的束缚以后，决不会缺少解脱它的自身的力量。

（英国）莎士比亚

为了完成一桩伟大的事业，必须维持斗争的权利

如果我的作品出了名或者受欢迎，我可能会感到，在我刚迈出几步的狭窄圈子里，我可能被大家的思想捆住手脚。我会看不到自己的强烈而远大的理想，而可能陷入庸庸碌碌的满足之中。不论别人如何看待，为了完成一件伟大的事业，必须维持斗争的权利。

（法国）罗曼·罗兰

年轻的思想会割破自己

年轻的思想一出胎就暴露在太阳里是不卫生的。心灵会被灼伤的。只有时间与沉默才能酝酿丰满的果实。

（法国）罗曼·罗兰

生活的花朵只有付出劳动才会绽开的

肉体的劳动决不会摧残灵智的力量，反而助它发展，适合本性正常的需要。

（法国）罗曼·罗兰

劳动的、匆忙的生活可以大大提高对自己的估价

劳动是一种愉快的活，人生才是美满的！劳动是一种义务的活，人生就是奴隶。

（苏联）高尔基

我如果不胜利，我就是个胆小鬼

我发现，正是在生活使我遭到最大的屈辱和痛苦的那些岁月里，正是在我经受了那么多苦难的艰辛岁月里，我渴望达到目的的勇气和顽强精神格外高涨。

（苏联）高尔基

若是怕狼，就别进森林

幸福要用结实、有力的双手去捕捉，可是你们这些胆小、懦弱而又萎靡不振的人，若不凭借外力连苍蝇也捉不到一个，甚至同苍蝇作战，你们也要借助于有毒的“灭蝇纸”。

（苏联）高尔基

人必须有一个无法放弃、无法搁下的事业目标，才能变得无比坚强

在人类的感情里，经常存在着一种隐秘的原动力，这种原动力一旦被某种看得见的目标所吸引，或是被某种虽然看不见、却想象得出来的目标所吸引，就会以一种勇往直前的力量

推动着我们的灵魂向那目标扑过去，如果达不到目标，就会叫我们痛苦得受不了。

（英国）笛　福

不自由不如死

人总是免不了会沉醉于希望的幻影之中。我们总想闭上我们的眼睛，不愿看痛苦的事实。我们总想听听海上妖女的歌声，虽则明知道海上妖女最后都会把听他唱歌的人变成禽兽。是否只有我们这些聪明人，才能为自由而从事一场伟大而艰苦的奋斗呢？有许多人对这种关系到他们切身利益的救世救民的大计视若无睹，充耳不闻，我们是否在意呢？就我自己而言，不论要付出多少的痛苦和经历，我绝不逃避整个事实的真相！我想知道最糟的程度是什么，并且谋求补救的办法。

（美国）亨　利

名誉比我的生命更重要

尽管我是弱女人，可我总认为，名声好坏对我比生命更亲，比任何谁自称做所谓武士更重，我绝不愿替任何人分担耻辱。

（波兰）显克微支

尊严是超越死亡的勇气

如果让我在战争和耻辱之间选一样，那么不管怎样，哪怕就是我走向坟墓，我都要说：打！

（波兰）显克微支

走自己的路，让别人去说吧

重要的只是专心一意往自己的目标之路前进，而不要和别人的道路相比较。

（德国）赫　塞

平凡的东西远比高贵更充满生机

我拥抱平凡的东西，我探究那些熟悉卑微的东西，我坐在他们脚下。我只要对现代有鉴察力，古代与未来的世界我都可以不要。我们真正想知道什么东西的意义？小桶里的麦粉；锅里的牛奶；街头的民歌；船只的新闻；眼睛一瞥，身体的式样与走路的姿态——给我看这些事物的基本理由。

（美国）爱默生

光有思想没有行动的哲人，首先算不上是一个人

在一个哲人的生活里，行动是隶属于思想之下，但也是必需的。他没有行动，就还不能算他是一个人。没有行动，思想永远不能成熟，而化为真理。世界像一层美丽的云一样地悬挂

在我们眼前，我们甚至于看不见美丽。不活动，就是怯懦；没有勇敢的脑筋，就不是哲人。

（美国）爱默生

勤奋是思想家的主要美德

勤奋是思想家的主要美德，这也是思想家和所谓思想家或梦想家的分水岭。诚然，仅靠勤奋人是成不了思想家的，因为还必须沉思。但真正的思想家又是不断与沉思的诱惑进行斗争的。

（日本）三木清

无论做什么事，都要全力以赴

人们当了懒惰的俘虏，便被生活所抛弃

生活要走向自己的目标，而且要求人们有所作为，但人们却当了自己懒惰的俘虏，使生活的前进速度受到阻碍。……必须做的事情已经到了可以做完的时候，但却没有完成，因为缺乏从事共同的和神圣的事业的人手，缺乏从事扩大生活的事业的人手……人们落后于生活。

（苏联）高尔基

立志、工作、成功，是人类活动的三大要素

立志是一件很重要的事情。工作随着志向走，成功随着工作来，这是一定的规律。立志、工作、成功是人类活动的三大要素。立志是事业的大门，工作是登堂入室的旅程。这旅程的尽头就有个成功在等待着，来庆祝你的努力结果。

（法国）巴斯德

一切以事业需要为准则，人是事业的奴隶

每当我认为自己的所作所为将有害于这个事业时，我就尽量少做；每当我认为自己的所作所为有助于这个事业时，我就尽量多做。我一旦发现错误，就努力克服；一旦发现某些新的观点是正确的，就立即采纳。

（美国）林　肯

我们不向别人借贷历史

为崇高的目标工作，努力改善现有的生活是人人的特权。我们不应一味盲目顺应别人成功的实例，或固守成规，一成不变。我们应该满怀理想，大步迈向无可限量的未来。

国家是集合整个民族力量为一体的组织，他不断地力求殖民扩张，以提高效率增强国力。但是这种日以继夜追求强盛和效率的努力使人们精疲力尽，反而丧失了他原有的自我牺牲，努力创造的高尚本能。

人类不再为追求道德，转而为维持这个机械组织牺牲自己。他自觉已经满足道德标准。因此，形成人类世界的新威胁。当他向其以智慧创造而非完整人格促成的国家尽职时，他的良心不再感到沉重和压力。因此，热爱自由的人民仍在许多

地方保留奴役制度，并以完成国家责任为准绳。本性正直的人却容许残酷不义的思想和行为，还误以为在替天行道，赏罚严明。

所谓诚实人却不断地奴役低能者，剥夺人权以求自我扩张。我们日常生活中已经看到许多本性善良的人因经营商业而日趋冷酷无情。我们就可以想象“国家”这个组织已使人们争权夺利，在世界上造成一片道德混乱。

（中国）孙中山

迎头赶上去才可后来者居上

我们要学习外国，是要迎头赶上去，不要跟着他们走，譬如科学，迎头赶上去，便可以减少数百年的光阴；我们到了今日的地位，如果还是睡觉，不去奋斗，不知道恢复国家的地位，从此以后，便要亡国灭种。现在我们知道了跟上世界的潮流，去学外国之长，必可以学得比较外国还要好，所谓后来者居上。

（中国）孙中山

锄头和铲子里有高尚的品德

锄头与铲子里面仍旧有美德；不论捏锄头、铲子的人是有学问还是没有学问。而劳动是到处受欢迎的；总有人找我们做工；只有这一限制，我们要注意，一个人不应当为了要参加更加广泛的活动而牺牲自己的主张，迁就一般人的意见与行为的方式。

（美国）爱默生

我能做的比命运能做的要多

在成才的道路上常常应当是：不要先设想，至少不要先太具体地设想自己一定要成为什么样什么样的人，而是先去努力冲破你目前自身既有局限，冲破似乎你只能达到的某一步的界限！去做你能够做的事情。而不要去做你不能做的事情。在个人生活中有的大的趋势是改变不了的，但个人决不是无为而还是可以大有作为的。

（中国）何怀宏

人类的幸福和自我完善是选择职业的两大主要指针

我们在选择职业时应遵循的主要指针，是人类的幸福和我们的自我完善，不能认为这两种利益会彼此敌对，互相斗争、一方必然消灭另一方。人类的天性生成是这样：人们只有为了同时代的人的完善，为了他们的幸福去工作他自己方能完善。

如果人只是为了自己而劳动，他也许能成为有名的学者绝顶的聪明人，出色的诗人，但他决不能成为真正的完人和伟人。

（德国）马克思

无论干什么事，我总是一丝不苟，兢兢业业

无论我在生活中试图干什么事情，我都全力以赴地干好它……无论我献身于何种事业我都毫无保留地献身于它……，无论干大事还是小事，我总是一丝不苟，兢兢业业。

（英国）狄更斯

无论做什么事情，你都要有个目的

你能够把工作看作是至高无上的，你做一件工作，就不会半途而废；你无论做什么事情都能有个目的。

（英国）狄更斯

反省能使人得其本性

人和禽兽的区别在于：仁、义、礼、智、信

无恻隐之心，非人也，无羞恶之心，非人也；无辞让之人，非人也；无是非之心，非人也。恻隐之心，仁之端也；羞恶之心，义之端也；辞让之心，礼之端也；是非之心，智之端也。

（中国）孟　子

人是自然的产物，人类决不可能越出自然一步

自然把赤身裸体，赤手空拳的人送到这个世界上来，要他在这里消度他的岁月；不久他就开始披上了兽皮；渐渐地我们看见他穿起绫罗绸缎。在一个高踞我们的地球之上，从九霄云外俯视人类的一切进步和变化的实体看来，人好像并没有什么不服从自然法则的地方，无论当他们赤裸裸地徘徊在森林里艰难地寻找食物的时候，或是当他们生活在文明的社会中，就是说当他们拥有最丰富的经验，终于沉湎在奢侈之中，日新月异地发明千百种新的需要，并且创造出千百种方法满足这些需要的时候，都是一样，我们为了改变自己的生活而走过的一切步伐，只能看做是长长的一串原因和结果，这些原因和结果只不过是自然给予我们的那些最初冲动的发展而已。

（法国）霍尔巴赫

人是黄金，黄金有价人无价

华丽的服装是裁缝师傅缝制的，官阶和爵位是吏部衙门制定的。等级不过是货币的标志，而人是黄金。

（苏格兰）彭　斯

动物是一个获利无几的小商贩，而人则不同

动物和人之间最重要的区别在于，动物的活动几乎完全限于寻求生活必需品的范围之内，它们的大部分活动是保存自身和种属所必需的。动物恰似一个零售商贩，从它生活之贸易中，获利无几；它的大部分收入必须偿付银行利息，它的大部分精力都花费在糊口度日之上。然而人则不同，在生活的商业中，人是一个富商巨贾，他的收入远远超出他必需的支出。因此在人的生活中，有着巨额财富，这财富给他以无所事事，任

意行为的自由。人的生活必需品的四周存在着一个宽阔的地带，其中有着众多的本身就是目的的对象。

（印度）泰戈尔

人的内在视野是沐浴在他们的意识的光辉中的

夜间，我们被某些东西绊倒，并且确切地意识到它们是独立存在的，然而白昼揭示了包括这些东西在内的伟大统一，人的内在视野是沐浴在他们意识的光辉中的，他们立即能认识到精神统一是包容一切不同种族的，他们的思想不会再在人类世界独立存在的个别事实上踌躇迟疑，也不会再把这些事实当做最终的；他们认识到宁静是富于真理之中的内在和谐，而不是任何外部的调整；美能永恒保证人们与实在的精神联系，而实在则期待着在我们的爱的回响中达到它的完美。

（印度）泰戈尔

个性是生命力的表现

我们的生命，本是在天地万象间的普遍的生命，但如这生命的力会在一个人中，给了其“人”而显现的时候，这就成为个性而活跃了。在里面烧着的生命的力成为个性而发挥出来的时候，就是人们为内在要求所催促，想要表现自己的个性的时候，其间就有着真的创造创作的生活。所以也就可以说，自己生命的表现，也就是个性的表现，个性的表现，便是创造的生活了罢。

（英国）杰拉尔德·布瑞南

正规意义上的人是一个完整的人

我相信人是被损害了，他损害了他自已。他几乎迷失了那可以领他回去，恢复他的特权的亮光。人们成了无足轻重的东西。历史上的人，今日世界的人，是虫豸，是鱼卵，他们被称为“群众”或是“羊群”，在一个世纪里，在一千年里，只有一两个人：那就是说只有一两个近似每一个人的正规状态的人。

（美国）爱默生

人性是决定价值的根本依据

当某人拥有了财富、权力或名誉时，他或许会说他有了他所要的任何东西，然而这并不能改变他实际需要某些东西来导引一个好的人生的事实。比起一个隐然患有营养不良的人，而尽情地饱食他所喜爱的一餐，还是一样的。

决定什么东西对我们是好的，还是人性。有些东西或许表面上看来对我们是好的，因为不管是对是错，碰巧是我们所向往的，但是要实现我们的本性，所谓对我们真实是好的东西是那些我们应该向往的，不管我们做了没有，社会的习尚或私人的嗜好对此不能有所改变。

（奥地利）阿德勒

人是唯一能追问自身存在之意义的动物

人是唯一能追问自身存在之意义的动物，这是人的伟大之处，也是人的悲壮之处。

“人是万能的尺度”，人把自己当做尺度去衡量万物，寻求万物的意义。可是，当他寻找自身意义的时候，用什么尺度呢？仍然用人吗？尺度与对象同一，无法衡量，用人之外的事物吗？人又肯屈从他物，这本身就贬低了人的存在的意义，意义的寻求使人陷入二律背反。

（中国）周国平

“兽性本能”将离间人与人的关系

在某些人的心里，好像确有一种和其他本能同样地纯洁坚贞的真正的兽性本能，具有这种本能的人会制造同情和恶感，会离间人与人的关系，使他们永难复合。

（法国）雨　果

人是奇怪的东西

人这样东西也真奇怪，很难捉摸他的脾性；凡是新闻，不管它是怎样的庸俗无聊，但只要是新闻，一个人准会把它传给另一个人去听，虽然只是为了可以说上一句：“你瞧瞧，眼下传开了怎样荒唐的谣言呀！”而另外一个人一定会挺高兴地侧着耳朵去听，虽然过后也会说一句：“是啊！这完全是庸俗无聊的谣言，一点儿不值得当真!”可是他却立刻会去找第三个人，转告之后还会和第三个人共同义愤填膺地长叹一声：“多么庸俗无聊的谣言啊!”只有等到事情传遍了全城。等到所有的人都把新闻谈腻了，他们方才承认，事情压根儿不值得当真，也不值得去议论。

(俄国) 果戈理

老年人喜欢假设年轻时的节目

雄心勃勃的人回首往事，如同赛车运动员回味刚刚完成的比赛，他仔细地回忆着每一圈跑道，每一个拐角，想着如果当时快一点减速或晚一点刹车，等等，那么他可能会赛得更好一些。“假如，只要……”诸如此类的想法，在人的老年时占据着重要的位置。

(英国) 杰拉尔德·布瑞南

真理是时间的女儿

人的天性最易在独处时显露出来，因为人在独自一个人的时候不会矫揉造作，人在发怒时也会表露出天性来，因为这个时刻他忘记了一切的原则或规则。另外一种情况是当脱离了习惯的老套，且处在另一种新事物或新环境当中时，人的真性将更加暴露无遗。职业能适合自己天性的人是很快乐的；相反地，做自己不喜欢的事定会说：“我的灵魂已是我驱体的陌生客”。

真实就像晴天的太阳，无所遮拦地照耀，而在这阳光普照下上演假面具的闹剧，倒不如在虚幻的烛光下演出来得雅，这可以说真实像颗珍珠，在阳光下愈见光彩，但是这光彩却又不如钻石或红宝石掩映在变幻的灯光下那般来得愈见光芒夺目。虚虚实实倒是趣味无穷。假如人类没有虚荣心，没有自我安慰的想法，没有虚情假意的奉承心理，以及随心所欲的幻想有些人就会变得渺小或成为可怜虫，会因而闷闷不乐，不知如何自处。这个道理不难想像。

（英国）培　根

同外物完全隔绝，方能同“自己”重新接近

我需要清静，到一个绝对孤独环境里去消化消化生命中具体与抽象。最好去处是到小河旁边大石头上坐坐，这石头是被阳光和雨露漂白磨光了的：雨季来时上面长了些绿绒似的苔类。雨季一过，苔已干枯了。在一片未干枯苔上还开着小小蓝花白花，有细蜘蛛在旁边爬。从石缝间漱洗，水中石子蚌壳都分分明明，石头旁长了一株大树，枝干苍青，叶已脱尽。我需要在这种地方，一个月或一天。我必须同外物完全隔绝，方能同“自己”重新接近。

（中国）沈从文

软弱是万恶之源

我生平第一次开始懂得，这个世界上最恶劣的坏事并不是由邪恶和残暴所造成，而几乎总是因为软弱而产生的。

（奥地利）茨威格

反省能使人得其本性

一个人用显微镜看布，他看到的不再是布，而是不同的东西。一个人观察自己时同样如此。事物只有将它置于恰当的位置，适度地观察时，才能保留它们的本来特征。

（英国）杰拉尔德·布瑞南

一个人如果说他是清白的，只能说明他没有受过诱惑

我本身是清白的——虚伪地清白——和其他的人一样：我也和其他的人一样，遭到诱惑的时候摔跤了。

（美国）马克·吐温

人没有不用尽心计去压迫比他弱的人

没有一个人在一生中不是每天用尽心计，为了自己的利益而牺牲别人，那神人中的神人，凭了他高人一等的智力，把低下的人沦为他的奴仆，而这些奴仆，回过头来，又凭了比别人强一些的脑袋，而高踞于其他人之上。

（美国）马克·吐温

生性热情慷慨往往会被聪明所欺骗

人生是残酷的，一个具有热烈的、慷慨的、多情的天性的人也许会轻易被比较聪明的同伴所欺骗。那些生性慷慨的人常常因为他们的慷慨而做错了事，常常因为对付仇敌太过宽大，对朋友太过信任，而做错了事。慷慨的人有时会感到幻灭而跑回家去，写出一首悲苦的诗。……这种热烈慷慨的心性应该由一种哲学加以保障，以免受人生的环境所摧残。

（中国）林语堂

幽默力量使你发挥创造力

紧张忧虑，没有把握的人，是用规则和条例来铺设通往成功之路。他们可能握有权力来控制别人，并使得他们把橡皮圈和回形针都以最有条理的方式来存放。但是在达到有意义的目标之时，他们却很可能不知所以。而有创意的思想加上幽默力量，却能铺设真正成功之路，使人免于困惑，并帮助人发展领导能力以激励他人。

有人也许只从某一观点来看创造力，认为创造力的意思就是创作一部巨著，绘画或作曲或雕刻。要不然就是指科学上的伟大发明，或发现某项科学原理。

（美国）特　鲁

虚荣是人性之物中最有人性的

虚荣是人的自然中最普遍最基本的性质。虚荣就是人存在的本身。人依虚荣而生存。虚荣就是所有人性之物中最具有人性的。

依虚荣而生存的人的生活没有实体。换言之，人的生活是一种创作。在艺术的意义上也是如此，即人生是创作的小说。所以无论谁总能写出一部小说集。一般的人和艺术家的差异可以说就在于只会写一部小说，还是会写各种小说。

（日本）三木清

人的贪懒是自身堕落的陷阱

人的贪懒好闲的这种根性，便是自己随着身带来的堕落的陷阱！我们要尽量地把这种根性除掉，天天拔除它，时时拔除它，毫不容情地拔除它。能够这样，你的学问自然会进步，你的本领自然会强起来，你的四肢筋骨也自然会健康了。

（中国）郭沫若

大丈夫处世当卓立不群

世代以来，成千上万的人以征服者的骄傲

的速度穿过悠长的“过去”

对于一位著名人物的品格作出正确的评价，就得凭他的，而不是凭我们的时代标准来评判。凭某一世纪的标准来评判，其前一世纪最高贵的人物就会失掉很多光彩；凭今天的标准来评判，那么四五个世纪前，就可能没有一个杰出人物的品格，能在各方面都经得起考验。

（美国）马克·吐温

没有南北战争，就没有林肯、格兰特……

成千上万的天才生下来，又死去了，没有被人发现——没有被他们自己发现，也没有被别人发现，要不是那场南北战争，林肯、格兰特、谢尔曼和谢里登不会被人家发现，也不会升到显赫的位置。

（美国）马克·吐温

特权阶层中不可能产生任何英雄人物

事实上，古今一切民族的大才大智，都是出自那些人民大众之间的，也只能出身于人民大众之间——绝不是出身于那些享有特权的阶级。

（美国）马克·吐温

英雄是历史的弄潮儿

要在别人抬不起头的情形之下显出我的英雄本色来。

（英国）狄更斯

死得其所才谓勇者

一个人决定赴义时，那么他的头卖给刽子手就要卖得值得，

一个正直的人，他的生命完全抵得上两个叛徒的生命，捅一匕首捅得正是地方，可以名垂千古。

（法国）巴尔扎克

优秀的人必得忍耐孤独、苦难与磨炼

优秀的人物，总是远离世俗的，而不是在罪孽的浊流里浪荡。

优秀的人物，应该是在人民的劳动和苦难中产生的。

自由、高傲的人，是以时而像闪电，时而像宝剑那样冷静的思想力量为武器，远远走在众人面前，超越生活之上。

（苏联）高尔基

做皇帝也没趣得很，因为他听不到不同意见

我从前也很想做皇帝，后来在北京去看到宫殿的房子都是一套刻板的格式，觉得无聊极了。所以我皇帝也不想做了。做人的趣味在和许多朋友有趣的谈天，热烈的讨论。做了皇帝，口出一声，臣民都下跪，只有不绝声的 Yes，Yes，那有什么趣味？但是还有人做皇帝，因为他和外界隔绝，不知外面还有世界？

（中国）鲁　迅

真正的勇者是从现实丑恶中体认出将来的必然

知道信赖着将来的人，是有福的，是应该被赞美的。但是，慎用从历史的必然“当做自身幸福的预约券，且又将这预约券无限止地发卖。没有真正的认识而徒藉预约卷做为吗啡针的“社会的活力”是沙上的楼阁，结果也许只得了必然的失

败。把未来的光明粉饰在现实的黑暗上，这样的办法，人们称之为勇敢；然而掩藏了现实的黑暗，只想从将来的光明为掀动的手段，又算是什么呀！真的勇者是敢于凝视现实的，是从现实的丑恶中体现出将来的必然，是并没把它当做预约券而后开始信赖。真的有效的工作是要使人们透视过现实的丑恶，而自己去认识人类伟大的将来，从而发生信赖。

（中国）茅　盾

现代社会，权威是由预见性和决断力构成的

领导者的权威是由若干要素构成的。这就是，对主要方向观察无误的全局观念；远大的设想与理想的预见性；一旦决定问题就坚决执行的决断力；具有善于发现人和物的价值的洞察力；具有吸引人的魅力等。这些条件，要求领导人具有将帅才能。这些要素，被领导者真正地掌握与运用时，才能使部下充满信任感。特别是：“一旦决定问题就坚决执行的决断力”。

（日本）田边升一

将才要会分身术，即善于用人

《易经》上说过：所以有当统领之命运，是由于有居于人上人之相。这样的人，让人心服，具有水火不辞愿来拜见的人的魅力和能掌握人心的技巧——得人心和善于得人心的两者兼

备的人，才有人上人的命运。

一般说来，若领导十几个人，一般领导者都能办得到。若是领导百人，连食宿都要直接操心、叱咤鼓噪，是不合常情的，也是不好办的。按理说，就应创造出自己的分身——同自己有共同的信念，向共同的事业目标前进的人就是“自己”的分身”。能够领会自己的意图、替自己执行任务的这种分身，就同象棋中的将帅一样，让自己的车、马、炮等冲锋陷阵，统帅一盘棋的全局。而这些“车、马、炮”等战将，还会在自己的分身之下培养部下，造就干部，给各级干部分配权力、委托责任、完成任务。这样就像叠罗汉一样，也像金字塔一样，组织不断壮大，事业不断发展。

（日本）田边升一

智者超越时间，庸者顺应时间

人类精神层面的活动，必须依靠智慧来评判其价值。故智者能超越时间，可以先知先觉；普通人，只是浮沉在时间之流中，企图抓住时间攫取生活的资料，来维持其存在；最无可奈何的一种人，是把希望寄托在时间的转运上，藉求时间来解决问题。其实，时间可以使问题变质甚至消灭，但基本上并没有把问题解决。即使问题表面上已经消灭，实质上仍然是存在的，故寄望于时间来解决问题乃是可悲的愚昧行为。至于人类物质层面的活动，受时间的影响较大，某些新起的事物，须经历时间来证明其价值，这是事实。

（中国）郭　枫

能屈能伸是真英雄

大丈夫能屈能伸，是真英雄。人行矮檐下，怎好不低头？越王勾践兵败会稽，卑躬屈节以事吴夫差。夫差有病，勾践尝了夫差的粪便，对夫差说他的病不重，快要好了。夫差深为感动，将他释放回国，他回去之后，十年生聚，十年修养，国富兵强，终亡吴国，报了会稽之耻。

（中国）姚雪垠

大丈夫处世当卓立不群

居天下之广居，立天下之正位，行天下之大道：得志，万民由之；不得志，独行其道。富贵不能淫，贫贱不能移，威武不能屈，此之谓大丈夫。

（中国）孟　子

有才能的人灵魂比一切人更纯洁

保持你灵魂的纯洁吧，赋有才能的人，灵魂应该比一切人更纯洁，有许多事情，别人干了还可以原谅，但对他是不会原谅的，就像穿着漂亮的节日衣装出发的人，只要衣服上一溅上点车轮的泥浆，大家就会围住他，指指点点地议论他的肮脏。

（俄国）果戈理

庸人是铁，伟人则是磁石

把一个有头脑的人放在不会思考的一群人中间，到了一定的时候，由于一种无法抗拒的引力定律，一切糊涂的头脑就将满怀谦逊和敬仰地围绕在清晰的头脑周围。有些人是铁，有些人是磁石。

（法国）雨　果

人类不可抵抗的内在力量的爆发可以掀开历史的新篇章

一旦人类某种不可抵挡的内在力量发现了进入事物核心的途径，发出它欣喜若狂的反抗呼声；并大声宣告任何外在的、巨大的、野蛮的身躯也不能制服它之时，地球生命的历史上的伟大一章就要掀开了，尽管它暂时显得那么孤立无援，然而，它不是已经走向胜利了吗？在我们的社会生活中，同样如此：一旦某种力量专心致志于外部活动并威胁要奴役我们内在的力量，以达到它自己的目的时，那么，革命就爆发了。

（印度）泰戈尔

天才与俗人都具有自身存在的价值

世上的一切事物，只是百千万面大大小小的镜子，重重对照，反射又反射，于是世上有了这许多璀璨辉煌，虹影般的光彩，没有蒲公英；显不出雏菊；没有平凡，显不出超绝，而且不能因为大家都爱雏菊，世上便消灭了蒲公英，不能因为大家都敬礼超人，世间便消灭了庸碌，即使这一切都能因着世人的爱憎而生灭，只恐到了满山谷都是菊花和超人的时候，菊花的价值，反不如蒲公英，超人的价值，反不及庸碌了。

所以世上一物有一物之长处，一人有一人的价值，我不能偏爱，也不能偏憎。

（中国）冰　心

自我实现者都对人类怀有很深的认同、同情和爱的感情

如果一个人的视野不够开阔，其中容纳的历史很有限，那么他就可能体会不到这种与人类一体的感情。自我实现者在思想、冲动、行为、情感上与其他人毕竟大不相同。当自我实现者在这些方面要表现自己时，在某些基本方式上他就像一个异乡的客人，很少有人真正理解他，不管人们可能多喜欢他。他经常为普通人的缺点感到苦恼气愤，甚至被激怒；而他们对他来说，通常不过是一些不断给他制造麻烦的人，有时甚至隔膜很大，但他总是感到与他们有一种最根本的亲缘关系，同时，如果不说有一种优越感，至少他一定认识到，很多事情他能比它们做得更好，对许多事情他可以明察而他们却不能，有些在他看来是如此清楚明了的真理大多数人却看不到。这也就是阿

德勒称之为老大哥态度的东西。

（美国）马斯洛

自我实现者的欣赏是时时常新的

对于自我实现者，每一次日落都像第一次看到那样美妙，每一朵花都温馨馥郁，令人喜爱不已，甚至在他见过许多花以后也是这样。他所见到的每一个婴儿，就像他见到的第一个那样，是一种令人惊叹的产物。在他结婚三十年以后，他仍然相信他的婚姻的幸运；当他的妻子六十岁时，他仍然像四十年前那样，对她的美感到吃惊。对于这种人，甚至偶然的日常生活中转瞬即逝的事物也会使他们感到激动、兴奋和入迷。这些奇妙的感情并不常见，它们只是偶尔拥有，而且是在最难以预料的时刻到来，这个人可能已经是第十次摆渡过河，但他第十一次渡河时，仍有一种强烈的感受，一种对于美的反应以及兴奋油然而生，就像他第一次渡河一样。

（美国）马斯洛

生活的自信是事业成功的途径

涓涓细流汇成河。不管经历过什么事情，都会有经验教训，从而产生自信。即使是仅仅住过一次第一流的宾馆，就会感到：“啊！原来是这样的地方啊！”经过了解就放心了，这种安心感就是自信的母体。所以，人要扩大视野，什么都需要经历，而且尽可能地接触一下一流水平的事物。当然是要从大处着眼、小处着手，哪怕是细微的小事，也需要当个行家。我把这叫做市场占有率不断扩大的战斗。至少，也应该站在某一领域的较高的水平线上，同和睦相处的高人同打一把伞行走。能这样做到的话，自己也会因此而提高了。

（日本）田边升一

自觉的人生就是当自己的主人

人生是火炬，用我们的肩膀传递给下一代

人生不是一支短短的蜡烛，而是一支由我们暂时拿着的火炬，我们一定要把它燃得十分光明灿烂，然后交给下一代的人们。

(英国) 萧伯纳

人生是自我认识的操练

人生乃是一面镜子。在镜子里认识自己，我要称之为头等大事，哪怕随后就离开人世。

(德国) 尼　采

做人是对人生意义的实践

真正的做人，当然不是“圆滑手段”的意思。“做人”是

对人生意义的认识、肯定和实践。简单地说，就是要做一个有益于世的人，起码也要做一个无害于人的人。在这种苍茫的世界，若不能“有所为”，起码要“有所不为”。“有所为”往往受外在环境等因素影响，不是自己所能控制的，“有所不为”全在自己操持着坚贞之一念，只要自己把握住人生的方向，应该是可以做到的。这是做人的最低要求。“做人”，不能从这条线再向后退了!”

（中国）郭　枫

自觉的人生就是当自己的主人

节制就是一种恰当的安排，就是控制某些快乐和欲望。常言道“当自己的主人”，该是这个意思。

“当自己的主人”这个说法不是很可笑吗？因为当自己的主人也就是当自己的奴仆，当自己的仆人也就是自己的主人；这话说的主人和奴仆是一个人。

不过，这话的意思似乎是说，人的灵魂里有一个比较好的成分和一个比较坏的成分；好的控制坏的时，就说他“当自己的主人”。这当然是褒辞。如果他由于教养不良，交友不善，因而好的成分小，被居多数的坏成分所控制，那就说他“当自己的奴仆”，没有决断了。这是贬辞。

好的统治坏的就叫节制，就叫“当自己的主人”。

（古希腊）柏拉图

人生的目的常常被歪曲

我的心曾悲伤过七次。第一次是企图通过卑贱来博取高尚；第二次是在瘫痪者面前瘸着走路；第三次在困难和容易之间抉择时，它选择了容易；第四次它犯了错误，却委过于人；第五次它自甘软弱，反把这种忍让说成是坚韧；第六次侧身在生活的污泥中，它畏首畏尾；第七次它对上帝吟诵经文，居然把诵经当成了自身的美德。

（黎巴嫩）纪伯伦

时辰钟是人生的最好象征

我觉得时辰钟是人生的最好的象征了。时辰钟的针，平常一看总觉得是“不动”的；其实人造物中最常动的无过于时辰钟的针了。日常生活中的人生也如此，刻刻觉得我是我，似乎这“我”永远不变，实则与时辰钟的针一样无常！一息尚存，总觉得我仍是我，我没有变，还是留连着我的生，可怜受尽“渐”的欺骗！

（中国）丰子恺

组织和秩序之美才是人生的美

我们生活若还有所谓美处可言，只是把生命如何应用到正确方向上去，不逃避一切人类向上的责任，组织的美，秩序的美，才是人生的美！生命可尊敬处同可赞赏处，全在它魄力的惊人，表现魄力是什么？一个待人很严肃的选择他的文字，一个画家很严肃的调配他的颜色，一个音乐家很严肃的注意他的曲谱，一个思想家严肃的去思索，一个政治家严肃的处理当前难题。一切伟大制作皆产生于不儿戏。一个较好的笑话，也就似乎需要严肃一点才说得动人。一切高峰皆由于认真才能达到。谁能缺少这两个字？人人都错误的把快乐幸福同严肃认真对立，多以为快乐是无拘束的任性，幸福是自由，严肃同认真，却是毫无生趣的死呆。严肃成就一切，它的对面只是轻浮，重于快乐和幸福，总常常包含了严肃和轻浮两者而言。

（中国）沈从文

能做到平等、自由，即正当之人生

人生在世，个人是生灭无常的，社会是真实存在的。

社会的文明幸福，是个人造成的，也是个人应该享受的。

社会是个人集成的，除去个人，便没有社会；所以个人的意志和快乐，是应该尊重的。

社会是个人的总寿命，社会解散，个人死后便没有联续的记忆和直觉；所以社会的组织和秩序，是应该尊重的。

执行意志，满足欲望（自食色以至道德的名誉，都是欲望），是个人生存的根本理由，始终不变的。

人生幸福，是人生自身出力造成的，非是上帝所赐，也不是听其自然所能成就。若是上帝所赐，何以厚于今人而薄于古人？若是听其自然所能成就的，何以世界各民族的幸福不能够一样呢？

我以为精神上的人生，没有什么标准。人说善则善，人说恶则恶，人说苦则苦，人说乐则乐。譬如中国妇女的生活，有时明明是很痛苦的，因为旧道德支配着，也觉得自己是无上光荣，是无上快乐……

如果就物质上说，较为有点标准，……能够做到平等、自由，便是正当的人生。同为人人都是人类，不应该受他人的压迫。如果我压迫人，或人压迫我，都是不正当的人生。

（中国）陈独秀

人生是战斗

在地上受生的第一日，——不，从那最先的第一瞬，我们已经经验着战斗的苦恼了。婴儿的肉体生活本身，不就是饥饿、病菌、冷热的不断的战斗么？能够安稳平和地睡在母亲体内的十个月姑且不论，然而一离母体，作为一个“个体存在物”的“生”才要开始，这战斗的苦痛就已成为难免的事了。

（奥地利）阿德勒

战场可以缩短人生的经验

战场能把人生的经验缩短。希望、鼓舞、愤怒、破坏、牺牲——一切经验，你须得活半世去尝到的，在战场上，几小时内就全有了。战场的生活是最活泼最变化的。

（中国）茅　盾

人生是一场闹剧，观之笑之比一味介入强

在很大程度上，人生仅仅是一场闹剧，有时最好站在一旁，观之笑之，这比一味介入要强得多。同一个刚刚走出梦境的睡梦者一样，我们看待人生用的是一种清醒的眼光，而不是带着昨日梦境中的浪漫色彩。我们会毫不犹豫地放弃那些捉摸不定，富有魅力却又难以达到的目标，同时紧紧抓住仅有的几件我们清楚会给自己带来幸福的东西。我们常常喜欢回归自然，以之为一切美和幸福的永恒源泉。尽管丧失了进步和动力，我们还是能够敞开窗户欣赏秋蝉的鸣声和秋天的落叶，呼吸菊花的芬芳。秋月朗照之下，我们感到心满意足。

（中国）林语堂

任何时代，人总是有所怀疑的

在任何时代，人总是有所怀疑的。每一代新人都否定老一代的无聊废话。在任何时代，后代成为教师、检察官、律师、道德秩序和刑法秩序的保卫者的那些智慧的青年，都玩过打倒一切的游戏。

（法国）罗曼·罗兰

人格和生命是人类最后的目的

一个阿拉伯人这样描写他的英雄：在冬季里，他是阳光；而在仲夏，他是阴凉。……有一种崇高的审慎，那是我们所知道的人性中最高的一种；它相信一个庞大的未来——确信将来的比眼见的要多得多——永远认为整个的生命比目前一刻更重要，禀赋比才干重要，人格比结果重要。正如商人欣然地从他的收入里取出钱来，加到他的资本里，伟大的人也非常愿意丧失个别的能力与才干，使他能够在提高他的生命方面进益。心灵的知觉一旦开放，人们就永远愿意作更大的牺牲，放弃他们显著的才能，以及最能帮助他们获得目前的成功的工具与技巧，还有他们的权力与他们的声誉。有一种更纯洁的声名，有一种更伟大的能力，作为牺牲的酬报。这时我们的收获又化为种子。正如农民将最好的稻穗种到地里去，将来有一个时候，我们也不吝惜任何东西，而会热心地将我们现在所有的一切——甚至于比这更多的——都换成工具与能力，那时候我们情愿将太阳与月亮当做种子播种。

（美国）爱默生

青春是人生之春

青年之文明，奋斗之文明也，与境遇奋斗，与时代奋斗，与经验奋斗。故青春者，人生之王，人生之春，人生之华也。

（中国）李大钊

最美的东西也最容易失去

人世间，比青春更宝贵的实在没有，然而青春也最容易消逝。

（中国）郭沫若

青春的浪漫情愫充满了创造的美

在青春的世界里，沙粒要变成真珠，石头要化做黄金……青春的魅力，应当叫枯枝展出鲜果，沙漠布满森林；……这才是青春的美，青春的快乐，青春的本分！

（中国）郭小川

生活属于你，走什么道路，任你自己选择

人的生命总是沿着一个完整的圆圈在运行，……任何人都无法脱离自己运行的轨道。……人生不是享受，而是一桩十分沉重的工作。

（俄国）列夫·托尔斯泰

最具甜蜜感受的时期是由平凡而持久的状态构成的

我在漫长岁月中历尽沧桑，我发现，具有最甜蜜的享受和最强烈的快感的时期，并非那些常引起回忆或最使我感动的时期。那些一时狂热和心血来潮的时刻，无论多么热烈，却恰恰因为本身的热烈程度而仅仅成了生命线上一些稀稀落落的点。

这些点为数太少。稍纵即逝，不能形成一种状态。可我心所怀念的幸福，断乎不是由一些瞬息即逝的时刻，而是由一些平凡而持久的状态构成的。这些状态本身并不强烈，但它们的魅力却随着岁月的流逝而骤增，最能够从中找到无与伦比的快乐。

（法国）卢　梭

人生各阶段各有各的使命，各阶段各有各的境界

吾十有五而志于学，三十而立，四十而不惑，五十而知天命，六十而耳顺，七十而从心所欲，不逾距。

（中国）孔　子

做一些错事也是人生的财富

每个人都有情感冲动，无法控制的时候。这时候他除了他心上的人外，别的事他全都可以忘记，全都可以抛开。

每个人在他一生中，都至少做过一两次这种又糊涂又甜蜜的事。

这种事也许不会给他什么好处却至少可以给他留下一段温馨和往事，让他在年老寂寞时回忆。

一个人在晚年寒冷的冬天里，若没有一两件这样的往事回忆，那么漫长的冬天怎么能挨得过去。

那时他也许会感觉到，他的一生已白活了。

（中国）古　龙

我们不虚度这一生，我们就能得到一点快乐

我认为人们在每一个时期都可以过有趣而有用的生活。我们应该不虚度一生，应该能够说：“我已经做了我能做的事。”人们只能要求我们如此，而且只有这样，我们才能有一点快乐。

（法国）居里夫人

摔倒并不一定就会堕落

摔倒而不堕落的人是少有的；况且不幸的人和无耻的人往往在某一点上被人们混为一谈，被加上一个笼统的名称，置人于死地的名称：无赖；这究竟是谁的过错呢？

（法国）雨　果

接受恩施同时也就意味着负债

事实上，受到了恩惠，也就负了一笔债，这笔债常常越积越高。仿佛遭到敲诈勒索，你越付，债越高。早晚你会体会到人家给你的好处只是害了你，你但愿从没有过这回事才好。

（美国）马克·吐温

人一旦从欺骗中走出来，就会不容于世

第一个出世的人是一个伪君子，一个胆小鬼，这种性质在他的血统里一直到现在还没有消失；一切文明就是在这个基础

上建立起来的。

（美国）马克·吐温

曲折的人生之路，才会给生命带来乐趣

道路曲折蜿蜒，不断地引人入胜，不像那些笔直的大道，什么都会一览无余，未免扫兴。

（美国）马克·吐温

娱乐必须成为生活，生活必须成为娱乐

必须懂得享受生活，这就是“生活的艺术”。这也是技术，也是美德，自始至终在事物并且对事物采取自律的态度是所有技术的本质。生活的技术亦是如此，要自始至终在生活之中，并且要超越生活从而使享受生活成为可能。

（日本）三木清

互助、团结是人类生存的法则

社会的进化，民族的盛衰，人类的繁荣都是依据“生的法则”而行的。这个法则是“互助”，是“团结”。人类靠了这个才能够不为大自然的力量所摧毁，反而把它征服，才建立了今日的文明；一个民族靠了这个才能够抵抗他民族的侵略而维持自己的生存。

（中国）巴　金

人生的价值就是把握今天

“青年人啊！为着后来的回忆，小心着意地描绘你现在的图画。燕子飞过，带来春天的问候；花蕾绽开，芬香献给人间。朋友请你在每一张日历上都留下自己清晰的脚印！”

（中国）冰　心

率真留给世间一分真意

人何不想想一生只有几十年？何必这样作为？何取这样怯懦？何不率真而行？何不挺然持立？大不了不过一死。但世间多一个率真持立之人，至少也给世间多留一分真意。毁誉等等不过强者制服弱者之具，轮回转生更属渺茫无稽之谈。但凭了却一生，何用多所顾忌？“畏首畏尾，其身余几？”

（中国）张申府

生命，永远不会凋落

为什么会沉迷？又怎能再昏聩？离开那块哺育我的大平原，二十年了！二十年远离故乡，谁还能像少年一样，装扮出悲秋的姿态呢？

独步在林子里，我细聆着秋声。占据在心头的，不再是淡淡的哀愁。我要的是仰天长啸，像鸿雁一样振翅于云霄，在这一长串的日子里，我已懂得生的真实和死的静美！

秋是沉静，秋天不是伤感的季节。

秋色让人神清，秋声让人气爽。度过了昏暗的长夏，我们，该准备金色的秋收了。

秋是成熟，秋天不是凋落的季节。

生命怎样会凋落呢？花谢了，是为了果实的生长；叶落了，仍在作护根的泥土。死灭即是长存，刹那就是永恒，生命，永远不会凋落。

（中国）郭　枫

真正有意义的人生是扩张“爱心”

真实而有意义的人生是什么，就是扩张“爱心”，这种爱心必须是无私的，而且要表现在行为上，才有价值。细读古今中外伟人们的历史。无论他们走的是艺术、政治、宗教、学术或任何道路，却是殊途同归到“博爱”上。他们共同的特色是牺牲自己，服务人群。他们无视快乐的刺激，追寻内心的满足，甚至自己生活得愈苦，对人奉献得愈多，却愈觉得生命充实而幸福，这就是耶稣所说“施比受更幸福”的道理。此时“为人类的缘故，培养了一个真我”，人生虽短，也可以化刹那为永恒了。

（中国）郭　枫

学会如何死是如何生在这个世界上的总结

死亡与出生既有相同之处，又有重大区别。

有生必有死。对于每一个人，死是早晚必定会发生的一个必然事件，半点也由不得你选择。但是如何死：站着死还是跪着死，却全在你自己的选择。

其实，一个人如何死，归根结底是一个人几十年如何生活过来的集中表现。学会如何死应当是如何生在这个世界上的总结。

生还可能掺杂着虚假成分，还有“自欺欺人”的时间和机会，可死只有真实的唯一一次表现，因为它不能再次重演，所以就没有虚假的死。

（中国）赵鑫珊

孤独不是独立

孤独差不多总是天才的命运，降格以求，或会得到许多知音；而上升格，又会失去许多朋友，感到无以对语的寂寞。此外，不幸的际遇，知音的难逢，都会造成和加重孤独感。但是，这种主观上的孤独感并不意味着客观上的孤立——与时代、社会切断了联系。即使天才也不能超越他的时代，超越他所处的社会；他仍然是时代的产儿，连他的孤独也是时代的孤独，是一种人海中的孤独。

（中国）何怀宏

不断做正确的抉择，可以使生命的意义增强

人是通过不断的抉择，才能实现他生命的目的，才能获得存在的意义，这是一条长期挣扎奋斗的过程。人生就像行走一条可以上下行的铁道，不论上行或下行，都将困难重重，备尝艰辛，在艰难的历程中，要达到生命的目的，须靠明智的抉择，能做抉择是人的特性，也是人生智慧的一部分。不断作正确的抉择，可以使生命的意义增强；不断作错误的抉择将造成生命的浪费。

（中国）韦政通

爱过程的人是智慧的

人生没有句号

我的一生是一句话，母亲最先希望我把它推敲得美丽些，生动些。后由我的脚印落成文字，将它书写在时间的稿笺上。后人为我堆起的那座坟墓，想来就是句末的标点了。

那么，我将表达出怎样的意思呢？

将脚印首先落成“善”字——我觉得它是最不可缺少的。母亲发现后，点了点头。却又说：“这还不够。后人只能在句末 给你点成逗号。”

但我渴慕一个表示完整的句号。

于是又将脚印落成“信”字——我觉得它是最靠得住的。母亲发现后，点了点头。却又说：“这还不够。后人只能在句末 给你点成逗号。”

于是将脚印落成“顽强”，落成“进取”，落成“创造”——我觉得它们都是闪闪发光的。母亲睁着昏花的老眼见了，点了点头。却依然说：“这还不够……”

我茫然了。

“任何人都不会得到句号的，“白发苍苍的母亲叹息一声，补充说：“可贵的，孩子，是你一直在争取句号。这样，你将会赢得一个能够竖立起来的感叹号。”

（中国）张振学

挺起身活得断然决行

活下去还是不活：这是问题。要做到高贵，究竟该忍气吞声来容受狂暴的命运矢石交攻呢，还是该挺身反抗无边的苦恼，扫它个干净？死，就是睡眠——就这样；而如果睡眠就等于了结了心痛以及千百种身体要担受的皮痛肉痛，那该是天大的好事，正求之不得啊！死，就是睡眠；睡眠，也许要做梦，这就麻烦了！我们一旦摆脱了尘世的牵缠，在死的睡眠里还会做些什么梦，一想到这就不能不踌躇。这一点顾虑正好使灾难变成了长期的折磨。谁甘心忍受人世的鞭挞和嘲弄，忍受压迫者虐待，傲慢者凌辱，忍受失恋的痛苦，法庭的拖延，衙门的横暴，做埋头苦干的奴才，受作威作福的小人一脚踢出去，如果他只消自己来使一下尖刀就可以得到解脱啊？谁甘心挑担子，拖着疲累的生命，呻吟，流汗，要不是怕一死就去了没有人回来的那个从未发现的国土，怕那边还不知会怎样，因此意志动摇了，因此便宁愿忍受目前的灾殃，而不愿投奔写一些未知的苦难？这样子，顾虑使我们都成了懦夫，也就这样子，决断决行的本色蒙上了惨白的一层思虑的病容；本可以轰轰烈烈的大作大为，由于这一点想不通，就出了别扭，丢去了行动的名分。

（英国）莎士比亚

我们没有退路

我们。

沿着这条路走进去，走进苍山难以启动的心事。

落叶，碎石，裸露的岩壁，干涸的河床，黄牛被系在苍老的树干咀嚼一堆无味的稻草，低矮的黄土屋炊烟沉闷，潮湿的雾把所有的目光浓缩到最小的极限。

我们没有退路。

荆棘上悬着晶莹的露珠，凋残的野花瓣面对蜇居的小虫哭诉那场醉人的春宵。黑色鸟的歌喉，因枯燥的日子而嘶哑而滴殷红的血。

脚掌忍辱负重，如小船，载着一种思想，一种情绪，一种彻头彻尾的向往与追求，在波峰浪谷上下沉浮，漩涡和暗礁、生活和人生，在时间的流逝中默默地筑起一块心灵的丰碑，立于所有的十字路口。

常常，你把湿浸浸的目光丢进大峡谷，或者与冷漠的岩石对视良久，然后，把各种现象凝聚成焦点，再面对现实，面对陌生者的心灵。

终于，我惊异地发现，你在霜色日渐浓艳的日子里成熟了。

当我们沿这条路走了出来，走出昨天的记忆，我们的足迹已在秋雨与秋阳的交错重叠中无声地融化……

（中国）鄂青子

长夜如歌

我想，人活在世上谁都不容易，超脱只不过是一种表象，或者说是沉重的另一种形式罢了。就连那些跳出三界外的出家人，哪个身后没有一段辛酸的故事？无花果也并非真的无花，植物学家说，它的花生在花托内，是一簇隐藏的淡红。对花来说，这是一种悲哀！如其这样躲躲闪闪地偷生，还不如月季大起大落任凭风吹雨打去！

结果，虽能界定人生的价值，却无法表明人生的滋味儿。

人生苦短，去日苦多，生活的表象多姿多彩，生活的内涵繁纷复杂，一个人用全部的心力去应付尚不能周全一二，用全部的感情去体验尚不能经历万一，何必将自己紧紧包裹起来，用超然的姿态躲避人生的酸甜苦辣呢？哭当淋淋漓漓地哭，笑当痛痛快快地笑，像月季花一样灿烂，像流星一样闪耀，即便没有甜美的果实，即便顷刻化做尘埃，也没白活一世，有何愧悔？

（中国）栾中惠

走向彼岸

也曾经历过失落的痛楚，但我们从不把悔恨的旧梦重拾。既然秋天的落叶早已消融在我们生活的大地，化作滋养生命之树常青的甘乳，又何必再去寻寻觅觅那份感伤的情怀？面对岁月之轮永不停歇的步履，沉浸往事只能倾斜心灵的天平，寻觅过去只能拾回尘封的梦幻。

告别西天缥缈的云彩，我们步入情深意浓的黄昏。纵使失去皎洁的圆月，我们尚且拥有满天闪烁的繁星。当我们还在温柔的梦乡中流连忘返，黎明已悄然来到身边。生活赠与我们的是许许多多实实在在的丰富意蕴，我们岂能被人生的风风雨雨和云遮雾绕迷蒙住双眼？告别过去，正是为了珍惜现在和开拓未来。当我们把所有的痛苦与悲伤埋进昨天，我们便真正拥有了一个崭新的今天。

人生本是由一连串的遗憾组成的。我们何必对生活中的遗憾耿耿于怀。面临岁月之河，人生只有在向彼岸进取的征途中，才能焕发迷人的光彩。

（中国）周仁忠

拉直，才能走出弯曲

在弯曲的河岸上，他扯起一条笔直的纤绳，这或许是他的理想。

他决不回避弯曲，在尽力把纤绳拉直的时候，双脚踏踏实实地踩在河岸的崎岖小道上。

在一步步度量脚下弯曲的道路时，竭力把肩上的纤绳拉得笔直；在坚持把纤绳拉直时，咬住牙走着脚下弯曲的道路。

他拉的是帆，是云，是太阳，是希望。

他知道，只有拉直，才能走出弯曲。

（中国）西中杨

在属于自己的生命中

数不尽的疯狂藏于安静而安详的背面。酸甜苦辣各宜其妙。物具一味即好，人有一特色算有个性。芸芸众生，各有所好，各有所悉。六根清净的超脱是一种境界，做别人的奴隶任人驱使亦有自己的满足。

擂鼓疆场，荷锄田垅，风风雨雨，各成一调。

鸿儒硕彦，野老村夫，飞云惊雷，亦有其韵。

虽说人生复杂，可仓颉发明文字仅用了两画，一撇一捺，此即为“人”。

假如一撇的理性压着一捺的情感，生命是沉甸的；

假如一撇的情感压着一捺的理智，生命是亢奋的。

我们该怎样写属于自己生命的“人”呢？

（中国）景生春

寻觅才是生命的真谛

毕竟，这是一个空茫无依的季节。

孤寂而多难的心房被眼前无边的洁白燃烧成灿若繁星的悬想。

那棵苍劲的老梅也该拼却残力，爆出满枝春消息了吧？那株脆生生的雪梨也该提前矜笑于万树“梨花”了吧？平时那琐屑的美一定都被这洁白灼照出空前的魅力了？

而眼前，只有一株株女贞树顽强地挣出白雪的覆盖，用点点黛绿调和着空气的颜色。只有一蓬蓬葡萄藤支着满架的白雪，如落了无数恋蕊的玉蝶……

你却小心地，用与男子汉性格极不相称的动作，拨开团团积雪，久久地寻觅着什么。那凝眉，那浅靥，仿佛世界和你都被淹没进女贞花烂漫的早春二月，仿佛你已领略到浸着雪韵的甘美果浆。那用心，那痴迷，深深感染了我，一颗原来就容易被牵动的心再也不能复位。也许，希望只是生命的灯盏，而寻觅才是生命的真谛？

（中国）廖华歌

失去与懂得

我苦苦地追索，是因为我失去的太多；

我失去的太多了，因此要苦苦地求索。

我得到了安然的睡眠，便同时失去了黑暗中憧憬的星星；我得到了成功的瞬间快乐，便失去了那个永远追寻不止的自我……

哦，我在得到和失去中懂得了生活！

我在得到，我在失去，失去时歌声也带不走我的烦忧——我的烦忧有深深的源头……

但我还要追求得到！

我得到了友情，便告别那深恶痛绝的狡诈；我得到了真诚，便告别那貌似善意的虚假！我得到了希望之舟，便告别那忧郁的岸之彷徨；我得到那光亮的一闪，便告别那黑暗的深渊。

哦！我在得到，我在失去，我在得到和失去中懂得了生活！

攀山路，我懂得了人生的艰辛；蒙受欺骗，我懂得了真诚的呼唤！黑夜使我懂得了黎明，失败使我懂得了成功；爱情使我懂得了理智的冷静，看夕阳的滑落使我懂得对时光的珍重……这些人生的真谛我都是在失去中懂得……

（中国）宇　鹏

飘落不是生命的终结，而是一个轮回的开始

一片叶子，刚才还不停地舞动，禁不住秋风一折，发出极短极短的布帛断裂声，便从枝头旋转着飘下来。

这是路旁的一棵树，这是我正走过的一棵树。我急忙止住脚步，伸开手，追随着，让它轻轻落在手心，落在有暖暖掌温的手心，尽管它是凉酥酥的。

仔细端详，看那脉纹多像我掌纹，可惜很笨，看不出哪条是生命线，哪条是爱情线，哪条是事业线。看出看不出也无所谓，毕竟硕果累累了，那既是生命的结晶，也是爱情的结晶，更是事业的结晶。

不过，对于它已然飘落，就昭示着生命的结束。

而眼前，此刻只有一片金黄，总一次次浮现它飘出的那道金黄的弧线，好壮烈的飘落啊！其实。飘落并不是生命的终结，而又是一个轮回的开始！

（中国）柴福善

温柔的心灵是静谧的港湾

我寻找卓越的心灵，也寻找温柔的心灵。

温柔的心灵，静谧的港湾。它曾停泊过我洁白的忧郁，连同悲凉与哀伤。

所有的痛苦都在她那里得到柔化，所有的眼泪都在她那里化作轻烟。

生活的沧桑使生命的深渊埋下难言的隐痛，而她的声音却使人相信，隐痛就会过去，一切都是瞬息，一切都会流转。

颠沛的人生使人感到迷离恍惚，而她的声音，又使我感到大地的真实和海洋的真实：到处都有正直的桅杆，到处都有纯净的白帆。

生活那么严峻，铁与火的硝烟到处弥漫，但有这颗心灵做伴，我相信世界不会缺少明丽的天空，清新的草原。

真实的追求那么残酷，山回路转的崎岖常使我跌倒，但有她的泪水濡湿我的伤口，我就依然要礼赞生活，礼赞艰辛的追求。

呵，美丽的心灵，我的故乡，使我神经不会断裂的故乡，让我永远不会绝望的故乡。

（中国）刘再复

意义在于过程，幸福在于细节

我告诉你们：意义在于过程，幸福在于细节。那些撇开过程而只在结局中寻找意义的人，找到的只是虚无。那些撇开细节而只在总体中寻找幸福的人，找到的只是荒谬。

现代人已经没有耐心流连过程，没有能力品味细节。他们活得匆忙而粗糙。他们活得既无意义，也不幸福。

应该说，爱过程的人是智慧的，爱细节的人是幸福的。

（中国）周国平

人生是个胜境

的确，人世是一个胜境。从混沌的宇宙中跃出地球这样一个充满着生之喧闹的星体，又跃出像人这样一个充满智慧和感情的生命，不知是经过了多少亿年的物质的融合、分解，多少亿次偶然的机遇、碰撞。我是一个幸运之子，能作为人类的一员生存在这世界上，体验着多少悲哀、欢乐，经历多少离合、成败。尽管一生中承受过多少惨烈的煎熬，但从生命长河来看，也许正因为这样一些经历，那明媚春光和纯洁的爱恋才对我散发出如此浓烈的芳香！一个宽阔的、表达着充分理解和关切的笑容能使我忘却多少生活中的痛苦！而在我面前，还有多少这样美妙的微笑在迎接着我，还有多少善良的心灵的门将向我开启！特别是在艺术天地中，还有多少宝藏我想再挖掘、开发！我爱这人世，如果生死能由我选择的话，我愿意永远忘记后者，忘记向那黑暗的乌有乡归去！

（中国）孙道临

不朽在哪里

当最后一根桅杆折断时，我终于老去。飘泊了一生，此时才悟到最难靠近的原来是你的心湖。

我不明白，为何你要让锋利的礁块将自己困住，隔着这灰冷的残酷，要我付出长长的等待。

狂涛巨浪早已模糊了我热情的前眺。曾经年轻的盼望，便这么渐渐消毁于逆风的挣扎和寂寞的啃啮。然而，每一股来自你的暖流都会带给我莫名的欣喜。我能收藏好自己的忧伤，却拦阻不及对你的思念。只有在柔弱的身躯又撞响一次震撼，斑驳地再刻上新的伤痕时，疼痛里自己收拾破碎的心。

其实我的要求很微小，只想你能亮起一盏小小的灯，引领我进入你的心中，搁疲惫的身心在你的温柔和宁静的怀抱，有你倾听我的快乐和心事。

可是，不朽在哪里？

本以为我有不屈的筋骨，但终冲不开珊瑚世世代代替你筑起的这道墙，你的世界容不下卑小的我。

让我浮沉去吧，我已再无力振帆的能力。不必理我是含泪或微笑，最不能忘的还是你的一丝温暖，能送我一程么？

（中国）张开冰

给我一段美丽的回忆就够了

也许事情总是不一定能如人意的。可是，我总是在想，只要给我一段美好的回忆也就够了。哪怕只有一天，一个晚上，也就应该知足了。

很多愿望，我想要的，上苍都给了我，很快或者很慢地，我都一一地接到了。而我对青春的美的渴望，虽然好像一直没有得到，可是走着走着，回过头一看，好像又都已经过去了。有几次，当时并没能马上感觉到，可是，也有几次，我心里猛然醒悟：原来，这就是青春！

（中国台湾）席慕容

心扉

十几岁的心扉是玻璃的，脆弱而且透明，虽然关着，但是里面的人不断向外张望，外面的人也能窥视门内。

二十几岁的心扉是木头的，材料讲究且雕饰漂亮，虽然内外隔绝，但只要爱情的火焰，就能将之烧穿。

三十几岁的心扉是防火的铁门，冷硬而结实，虽然热情的火不易烧开，柔情的水却能渗透。

四十几岁的心扉是保险库的钢门，重逾千斤且密不透风，既耐得住火，也不怕水浸，只有那知道密码，备有钥匙的人，或了不起的神偷，才能打得开。

（中国）刘　墉

自己去选择

人总是那么矛盾，一面抱怨生活的平淡没有挫折可磨炼，一面又无法忍受分离、冷淡与寂寞。活着，不管怎样，总有悲、喜、哀、乐，跳出生活的空间，站在另一个星球，却觉人世间可喜亦可悲，可悲亦可笑，于是乎更不知所措。其实，大道理只有一个，不同的人截然不同的理解，造就了大千世界众生百态。终日耕作的农夫怡然自得，腰缠万贯的大亨烦恼万千。生活是摆在你面前，命运也摆在你面前，由你自己去选择了。

（中国）袁　征

只活一次

遗憾。我们每个人能活一次，仅仅一次。你不觉得太少了吗？

只活一次，仅仅一次。你何必太过装饰自己？其实世界并不复杂，只是居于世上的人太复杂，要叹息就叹息，要歌唱就歌唱。多些天真也许可以少些忧虑，笑也舒畅，哭也坦诚。别用太多的脂粉涂抹自己，生活毕竟不是演戏。

只能活一次，决没有第二次。这本身就是遗憾和残酷，但其实又是公正和无私。生命对谁都没有回归年，谁也无法让历史重演。就这一次。要你去编排，要你去主演。迟到了可以报告，说错了可以改口，搭错了车可以转车，唯独生命你没有第二次选择。

你只能活一次。

（中国）曹金枝

快乐在于自我寻找

开垦你的寂寞

寂寞的时刻可真难熬难耐。

开垦你的寂寞，你就会找回一个充实的新的自我。

会生活的人，不一定永远只是快乐人生而没有痛苦、失意和寂寞，他们的秘诀只不过是他们懂得怎样去开发自己的生活快乐的源泉，会在寂寞的时候给自己安排一片只属于自己的小天地，给自己的心灵找一份寄托，寻一缕安慰，躲开世间的喧嚣，在那里使自己神怡，使自己忘忧，使自己奋进。

人的一生好比船在大海上航行，不可能永远一帆风顺。狂风、怒涛，还有险滩、暗礁，所有这些，其实都不是什么艰险和困扰！你是自由的，只要有勇气、有信心，你就永远可以去搏斗，去尽享奋斗人生的快乐，那博大的蔚蓝色的流动与激扬的雪白的汹涌，会赋予你的人生一种勇敢者、胜利者的风采。倒是风平浪静与波澜不惊恰恰是航船的一种寂寞呢！

寂寞并不绝对就是无聊。寂寞中，如果追求和进取委顿了，那就如同身心已死，四肢的活力再蓬勃，生命也等于已经消亡，而只要有追求，前景就永远会是一片花的灿烂。

寂寞是暂时的。用追求的犁铧去开恳你的寂寞，不气馁、不消沉，耐得住寂寞、甘于寂寞，勤奋地耕耘、播种，昂昂不负青云志，你将会有收获，你将获得成功！

（中国）樊秀峰

人生的过场

人生许多时间都是过场，无意义而漫长沉闷的过场。它让你等待，让你积蓄，然后，生命中一定会出现某个叮咚的早晨，让你欢喜得热泪盈眶，手舞足蹈。然后，这个叮咚的早晨再去滋润你日后漫长的过场。

我们这些孤独的旅客，我们这些敏感的浪人，我们多么希望生命能让我们再次迷恋，再次走火入魔，再次独自哭泣。

每个人都有自己的叮咚的早晨，每个人都有一段属于自己的最生动的日子作为侣伴。我们把它熏上玫瑰的香气，穿在花环上，再挂在心弦上，我们将永不衰老。

（中国）张　梅

忧郁的微风

忧郁往往伴随着孤独。即使在人群中，一旦忧郁产生，心灵也顿时关闭所有的窗户。这时，封闭反而为了更开放的发射，在默默的忧郁中才能品味身外的遥远之物。

忧郁当然不是快乐。因为失意，因为感慨，因为友情，因为自然，使忧郁悄然而起。一切都是因为不欢乐，或欢乐之后，或不想欢乐。但是如果一个人默默地进入忧郁状态，排除了那丝丝缕缕的杂念，也是另一种形式的欢乐，把自己严实地包裹起来，荡漾于自己内心的忧郁湖水，也是人生的片刻享受啊！

人生哪有那么多的欢乐？而在欢乐的时刻，人们是忘情的，是沉醉的，甚至是来不及体验的。等开始体验快乐时，往往已是快乐的结束。而忧郁则不一样，就是在忧郁的时刻才能清醒地体验忧郁的深度和宽度。

而且，在一阵快乐以后必然会伴随一阵莫名的忧郁，是为快乐的消逝而忧郁，就像对夕阳沉浸地干线，为辉煌不在而惋惜一样。

片刻的忧郁往往充满诗意，但忧郁症是痛苦的，它只能使人结束美好的人生，而不是在美好的人生尝试偶然的“再见”，促使相逢时更热烈的感情。

那么，只偶尔忧郁一会儿，好吗？

（中国）刘湛秋

快乐在于自己找寻

愈来愈懂得：快乐在于自己找寻。它们就像小小的精灵，藏匿在身边左右，只要留意用心，随时可以抓到，

那经验，如海滩拾贝。

我要的海边拾贝，是迎着海风，踏着细浪，顺手拾来的小小贝壳，看上去很平凡，但细细分辨，有不同的种类，有不同的螺纹和颜色，记载大海的奥秘，岁月的痕迹和它本身的心事。

茫茫宇宙，沧海桑田，人的一生几十年，对本人来讲很重要，对天地万物来说却又微不足道。凡事看开，时刻自我快乐总比自我苦恼有益得多。而滔滔大海边，可爱的小贝壳是永远也拾不完的啊！

（中国）舒 非

享受人群的美味

并不是每一个人都可以在人群的海洋里漫游。要知道，享受人群的美味是一门艺术。而只有这样的人才能做到：与所有同类人不同，他生机勃勃、食欲旺盛，在襁褓中，神仙就使他染上了乔装改扮、戴纱掩面的癖好，又为他造就了厌烦家室、喜欢出游的毛病。

人群与孤独。对于一个活跃而多产的诗人来说，这是两个同义词，它们可以互相代替。谁不会使孤独充满人群，准就不会在繁忙的人群中独立存在。

诗人享受着这无与伦比的优惠，他可以随心所欲地使自己成为他本身或其他人。犹如那些寻找驱壳的游魂，当他愿意的时候，他可以进入任何人的躯体中，对他自己来说，一切都是敞开的；如果说有什么地力好像对他关闭着，那是因为在他眼里看来，这些地方并不值得一看。

孤单而沉思的漫游者，从普遍的一致中汲取独特的迷醉。他很容易地置身子人群当中，尽尝狂热的享乐。这些狂热的享乐，是那些像箱子一样紧闭着的利己者，和像软体动物一样蜷曲着的懒惰者永远也得不到的。他接受任何环境给予他的任何职业，任何苦难和欢乐。

与这些难以形容的狂喜、与献身于诗歌和怜悯的灵魂、与突如其来的一切历险、与陌生的过路人相比，人们常说的爱情是多么的渺小、有限和虚弱啊！

（法国）波德莱尔

走出孤独

踏一路歌声，自由自在的你便是一只鸟栖在一片幽静的林间。

涉足爱情会有“情到深处人孤独”的感慨；追求事业会有“木秀于林风必摧之”的寥落；面对成功会有“高处不胜寒”的凄清……

然而，孤独的牧羊人并不孤独。

涓涓溪流被人遗忘却不停止歌唱；莽莽青山历经风吹雨打不停止对巍峨的渴望；土地即使贫瘠也不背叛秋天的期待。

哦，走出孤独不仅仅要有坦坦荡荡的胸怀，还要有执着坚定的信念。当你拥有一颗快乐无瑕的心灵，纵使前面坎坷多舛，荆棘铺路，也能坦然前行。

（中国）邓　皓

人生境界是美丽

人生境界是如此美丽，正如花朵、虹及星辰，即使遗憾，我们也一样热爱生命；即使苦难，我们也深深眷恋这世界。因为有遗憾，我们才追求完美；因为有苦难，我们才珍惜这有限的年华。面对烟雨落花的美丽的青春；面对热烈的绿叶纷披的夏；面对果实累累的宁静的秋；面对雪花覆盖河岸和草木的纯净的冬，我们怀着一种感激，无言地体验那种超越平凡与生死的无极之境。

遗憾和孤独是一种境界，苦难和欢愉是一种境界，美是一种境界。在我们的青春岁月中，境界呈现出如此深刻而丰富的姿容，牵动心潮。为追求人生的深刻我们可以经受磨难；为寻求完美的答案我们可以蒙受猜疑；为求得心灵的沟通我们忍受孤独的误会；为爱，为希望，我们可以历尽苦难而甘之如饴，这是境界，它将我们的生命演绎得如此跌宕有致。

（中国）刘鸿优

单独：耐人寻味的意境

“单独”是一种耐人寻味的意境。尤其在一个人各种情绪到了峰点的时候，“单独”往往是让人认清自己、发现自己的必然情境。当人沉醉在风光热闹的掌声中时，需要“单独”静定自己；迷失在噪噪切切的名利中时，也需要“单独”滤清自己；在疑惧、忧虑、愁闷、怨怒时，更需要“单独”来面对自己。

所以，我喜欢一个人到湖边散步，即使什么都不想，什么都不做，这“单独”的感觉和大自然的风情，也把思虑洗得浅白清澈，而一切风光、名利、忧愁、愤怒，也都归尘归土、烟消云散了。

飘雨的日子，湖上雾漫漫、青濛濛的一片，然后雨势渐急渐切渐紧，天云仿佛要把它郁积多时的愁闷和泪水一泄而尽，渐渐地，远山模糊了，林、花、天、地、人、雨，都苍茫茫溶成一块了。人在雨中，早已化成了雨景的一部分，化成了自然的一部分，化成了天地的一部分。这时候只觉得人生在世不要看得太真切，且把世情世物留在雨中，隔着云雨隔着烟岚，即使“雾中看花”，思想也都明透了起来。

（中国）丁伟华

和谐是通往真理的道路

许多目光掠过五彩缤纷的生活寻找着和谐。

和谐不是真理。和谐是通向真理的道路。

也许，和谐是近似梦想的一种意念？

和谐应该是完美的境界，而希翼着它、神往着它、追随着它并为之付出生命的较量，却恰恰是更完美的。

其实，人们生活着不是渴望竞争而是渴望和谐。正是为着宁静的和谐才去进行激烈的竞争——无论物质的，或者精神的。

经过竞争达到一定的和谐之后，人们又总是继续渴望着更高的竞争，渴望着被更完美的和谐所取代，这就产生了新的不和谐。

正是因为有了这循环往复、延绵不断的竞争与和谐、和谐与竞争，才构成了今天我们身边这个美丽多姿而又光怪陆离的世界。

人与人之间需要和谐，人与自然之间、自然与自然之间也需要和谐……

人们这样思考着的时候，是智慧的，也是和谐的。

（中国）白　雨

成熟不是福

我突然明白了宠物的价值。小猫小狗招人喜爱，不就在于他们那份不懂事理的天真劲儿么？和孩子在一起也能感受同样心情。你可以纵情去亲他、爱他、吼他、打他，他却从不反抗，从不猜疑，依旧需要你，依恋你。和孩子们讲话，你不必斟字酌句，遮遮藏藏，你绝对不再有心理堤防，谁能不从这无条件的放心中获得莫大的轻松愉快呢？我在想，幸而这世上有那么多天真，它同成熟阴阳搭档，需要相称，这才多添了一点和谐。否则人人都成熟起来，个个失却了天真，全都变得木讷、多疑、城府很深和较真儿，一生下来，不知要怎么样费尽心机？

（中国）张　静

我也是一枚果实

走出很远很远了，那声音依然清脆，尤其第一个果实掉落下来的时候。我知道我该进果园了，那里有坠满枝头的苹果正期待着我，我等待它们成熟已经很久了。每一个生命的成熟都有一个过程。我和苹果一起成熟，我即将走进自己的果园，采摘一个丰硕的秋季。沉甸甸的秋天，已经打上辉煌的生命的年轮。

风在树间穿行。我采摘熟透的果实，思绪汇成一条河。此刻有谁来采摘一个成熟的我？我也是一枚果实。

（中国）朱广世

在冬天回忆夏天总是很美

宁静的生活是一份与众不同的人生

宁静是一种独到的意境，一种无言的氛围，一种冥冥中心领神会而来的美丽。

一缕微风，一场绵雨，一片绿荫，一束阳光，一个清晨，一个黄昏……大自然变幻出多姿的风景向你昭示宁静，时时刻刻赠你一份从容，整理你纷乱的思绪，泼你一头清凉，深沉你生命中的虚浮。

宁静的人生是独行于一条幽雅的小路；是心灵轻松地埋头跋涉的里程。因而，宁静的生活是一份与众不同的人生。

置身繁华而执著一份宁静，并不孤寂。走进宁静博大的氛围，你能发现种种平凡或细节的美丽；你能激动无数缄默中汹涌的勃旺生机；你能静听生命泉流的欢悦奏响，你能放飞未来岁月的不灭希望！

宁静的步履凝重而不消沉。向往宁静，是对生命的认真省视；拥有宁静，便懂得平平淡淡才是真。犹如山野里缓缓流淌的小溪，无言的平凡中自有灵魂的纯情和清澈；好似荒芜上自开自谢的鲜花，尽管卑微也不失坦然和自珍！宁静的感悟是在沉默中奋进！

宁静的人生有时会失去理解，却永远与潇洒同行！

（中国）罗　勇

美是热诚的唤起

在夏天，你有过太多的不如意，因为夏天的炎热、夏天的单调、夏天的日子不生长故事是不是？

不过，倘若到了冬天再去回味夏天，夏天一定会是很美的啦！比如夏天的游泳池夏天的冰淇淋夏天的太阳雨甚而夏天一声声蝉鸣都成了你遥远的诱惑和温馨的回忆。因为置身在夏天一度企盼过的冬天里，你恰恰又不知不觉地淡漠起你正拥抱着的冬天了。

人，为什么会是这样地不满意现实和已经的拥有？尤如男人去看女人，只有在离别之后才发现她分外的美丽！其实，这份美丽在他拥有时，也莫不是竭尽全力为他绽放过呢！

大千世界，美丽无处不在。于我们的眼睛，匮乏的只是少了发现。而我们的弱点恰恰在于我们的眼睛太注重于我们完全可以回避的那些不遂人意。

美是生命热诚的唤起。开掘自己生活中的美取决于你热爱生活的程度。夏天的美丽是一种存在，只是受你情绪的牵引，每每变成了冬天甜蜜的追忆。那么，你实在是无妨以冬天的心情去拥有夏天的。

（中国）邓　皓

拥有是一种迷失

“拥有”是一种迷失。

让自己被所拥有的东西占据，是一种自我囚禁。

多欲是对自己的奴役，使心智蒙尘。把快乐变成忧愁，把奖赏变为惩罚。

认识生活的重点与真正的必需，而不做无谓的征逐，是一种哲学。应使自己知道，当你认为该“取”的时候，或许正是该“舍”的时候。

当你手握一轮钓线，而不贪慕全世界的财富，你却正是拥有了全部的海阔天空和无限的宽朗与自由。

（中国台湾）罗　兰

月亮落下了还有太阳

月亮落下了你还有太阳。你是一片辽阔的天空，迟早总会升起灿烂。

青春落下了你还有金秋。你是一方坚实的土地，陆地上任何一个支点都可建造丰碑。

帆落下了你还有桨。即使落下的是你唯一的那张帆，你也不要向风哀求。

果实落下了你还有种子。即使落下的是你全部的收获，你也不要向岁月祈祷。

只要你能驾驭，昨天和今天落下了，你还有明天，一个个希望落下了，你还会有新的希望可以争取。

只要你能奋进，仕途爱途落下了，你还有征途，一条条彩虹落下了，你还会编织新的彩虹种植新的生命……

人生，何谓幸福何谓不幸？其实，只不过是对“落下”有着不同的注释。

不幸说，落下，我就从此失落。幸福说，落下，我就在此坐落。

（中国）王安雄

学会放弃

生活有时会逼迫你，不得不交出权力，不得不放走机遇，甚至不得不抛下爱情。

你不可能什么都得到，所以，生活中应该学会放弃。

今天的放弃，是为了明天的得到。干大事业者不会计较一时的得失，他们都知道放弃，如何放弃，放弃什么。

放弃，你就可以轻装前进。放弃，你就可以摆脱烦恼，摆脱纠缠，整个身心沉浸在轻松悠闲的宁静中去。

放弃还会改善你的形象，使你显得豁达豪爽。放弃会使你赢得众人的信赖，从而掌握主动，放弃会让你变得更精明，更能干，更有力量。

学会放弃吧！朋友，放弃失恋带来的痛楚，放弃屈辱留下的仇恨，放弃心中所有难言的负荷；放弃费精力的争吵，放弃没完没了的解释；放弃对权力的角逐，放弃对金钱的贪欲，放弃对虚名的争夺……凡是次要的、枝节的、多余的，该放弃的都放弃。

（中国）罗　军

我不要介入你的美丽

你尽可以有你的不凡，你的伟岸，你的出类拔萃，你的为世人所仰慕的一切。但是，我请你，请你不要走进我的生活。

真的，我不要介入你的美丽。

有时候人生仅仅只是一种过程。我们参与这个世界的活法也不仅仅只有一种。蓝天绿地碧海是一种存在；小草浪花泥石也莫不是一种存在。

把自己放在自己的空间，你会发现你活得并不十分黯淡，每个人的世界都有他人发现不了的快乐。

我不介入你的美丽，我就不会接受你的诱惑。

你的美丽其实就形成对我的统帅和潜意识的改变。而我介入你的美丽，也只可能做你的旗手和鼓手。我因此而失去了自己的快乐和拥有的一切，却最终又无以达到你的境界。世界往往被你描绘得浩大而美丽，但是我的眼睛更多的却是因为你的指引而看到了太阳黑子。

想达到别人的美丽是自己的一大障碍。我因此而觉得我的生活不得不接受你的涂抹是一件很可悲的事情。如果说悲哀是人想出来的，那也是缘于人与人之间的距离。既然乐章里没有一样激越的音响，丛林里不生长一样高度的树木，我和你就不需要支付给生活同样的辉煌！

（中国）邓　皓

明天，明天！

过去了的每一天，差不多都是那么空虚，无聊，渺小！它给自己留下的痕迹是那么小！一点钟又一点钟消逝了的时间，又是多么无谓，多么空虚啊！

然而，人却要生存下去；他珍惜生命，他把希望寄托在生命、寄托在自己、寄托在未来上面……呵，他期待将来得到什么幸福呢？

可是，为什么他会以为，那些未来的日子不会同刚刚过去的这一天一样呢？

是啊，他连这一点也没有想到。他根本不愿意想到——他这倒做得不错。

“啊，明天，明天！”——他安慰着自己，一直到这个“明天”把他送入坟墓——你便再也没有什么可想了。

（俄国）普希金

酒与枷

我的人生的美酒变质了，变成了酸涩的苦酒，我想把它倒掉。人们却对我说：这是美酒呵，干嘛要把它倒掉?

我说：我是喝酒的人，最了解酒的滋味。

我的生命的彩虹变成了枷锁，我想把它砸掉，人们却对我说：这是彩虹呵，干嘛要把它毁掉?

我说：我是戴枷的人，最了解枷的分量。

我噙着男子汉的眼泪诉说我的不幸，蘸着心的伤口流出的血滴书写我的痛苦，可是人们依旧板着面孔咀嚼我的悲伤。

于是我愤怒了，迎着流言的刀剑升起了我那在风雨中颠簸的小红帆，为了在人生之旅上匆匆赶路，留给“正人君子”们一瞥轻蔑的目光。

（中国）姚辉云

红尘岂能看破

活在红尘里的人，谁都经历过世态炎凉和人情冷暖，但也不能因此便说看破红尘的变幻。太阳底下每天都有新的故事发生，世界是一个不透明的多面体，它的正面、背面、侧面……足可以令你看一辈子也看不破。

曾有人问我：假如你受到致命的打击会出家做尼姑吗？我决然地摇摇头。我生于红尘，长于红尘，亦甘愿老死于红尘。我早已和这俗世结下难解的尘缘，我割不断血液中的亲情抛不开心底的爱意；我离不开餐席上的鱼肉舍不得办公台上的纸笔；我脱不去五彩的衣裳削不掉如瀑的长发。红尘里纵有缺陷我亦不忍离开。

我觉得人活着不是为了看破这世界，而是为了令世界变得更美好。我曾有过失望的时候，但我从来不敢说我能看破红尘。俗话说“世事如棋局局新”，里面必定有许多令我看不透的东西，而红尘的魅力就在于看不透，正因为看不透，我才如此留恋这世界。如果世界让人一目了然，它就失去了吸引力，我们活着也就没有多大意义了。

红尘里到底有多少是非成败和恩怨爱恨？我看不出。我今后还要经历几多生离死别和挫折创伤？我看不出。这世界于我而言，仍是一个烟雨中的世界云雾中的世界，永远带着一份看不透的美丽！

（中国）黄文婷

永恒的变化

没有什么是一成不变的。生活就像自然，有阳春，也有金秋；有酷夏，也有寒冬。走运和倒霉都不可能持续很久。

对于突然情况，如果没有充分的思想准备，那么厄运就会像大海的波涛一样，在你生活的海岸上忽起忽落拍打不停。相应的，高潮和低潮，日出和日落，富有和贫穷，快乐和失望，将应运而生。

做好最坏的准备。别羡慕那些春风得意的骄子。他们往往是脆弱的，一旦面临灾祸，就会束手无策，彻底崩溃。也别学那些倒霉背时的可怜家伙。他们一遇到挫折就不能自拔，常常沉溺于悲哀，一错再错，在眼看就要柳暗花明之际，却躺下不再起来。注意坚持不懈，别学他们的样儿。

要永远坚信这一点，一切都会变的。无论受多大创伤，心情多么沉重，一贫如洗也好，都要坚持住。太阳落了还会升起，不幸的日子总有尽头，过去是这样，将来也是这样。

（美国）曼迪诺

生命的暗示

一时一事的得失，似乎永远困扰着我们，永远是生命的烦恼之泉。倘若能真正将其置之度外，烦恼就真正超脱了。其实，真正值得烦恼的命题在于：生命的价值究竟应以何种形式作何种转化。对于这个千古之谜，一千个人有一千种答案，却没有任何一本哪怕是世界上最权威的教科书能提出最完美的答案。人其实是最难认识自己的，也就更难找到自己生命的转化方式，这正是一些人拥有一个失败的人生之根源。更悲惨的结局则在于，自以为找到了答案而其实完全是南辕北辙。所谓天才，无非就是能最早最充分地认识自己的价值，从而以最直接的方式完成了生命由瞬间到永恒的有效转化。

每个人都拥有自己的生命，然而相当多的人直到濒临死亡也没有弄清生命是怎么一回事，这正是人类的悲剧所在。

生命，这神秘而美丽、不可捉摸而异常珍贵的存在，你究竟隐逸着多少暗示？而哲人的终生存在，就是捕捉这样一些暗示么？

（中国）欧阳斌

追忆似水年华

我只觉得人生一世，荣辱得失都清淡如水，背时遭劫亦无甚大碍，所谓人生短促，不过是一时幻觉；那情形好比恋爱发生的作用，它以一种可贵的精神充实了我。也许，这感觉并非来自外界，它本来就是我自己。

（法国）罗曼·罗兰

前面总会有一番不同的风光

相信生活和时间吧！时间如果能够拿走痛苦，那么我们不必有罪恶感，更不觉得羞耻，就让它拿吧！拿不走的，自然根生心中，不必勉强。

生活是好的，峰回路转，柳暗花明，前面总会另有一番不同的风光。

让我悄悄告诉你，ECHO，世上的人喜欢看悲剧，可是他们也只是看戏而已，如果你的悲剧变成了真的，他们不但看不下去，还要向你丢汽水瓶呢。你聪明的话，将那幕布落下来，不要给人看了，连一根头发都不要给人看，更不要说别的东西。

那你不如在幕后也不必流泪了，因为你也不演给自己看，好吗？

（中国台湾）三　毛

愈朴素单纯的人，愈有内在的芳香

一朵花里，就能看到宇宙庄严，看到美，以及不屈服的意志。

有一位花贩告诉我，几乎是所有的白花都很香，愈是颜色艳丽的花愈是缺乏芬芳，他的结论是："人也是一样，愈朴素单纯的人，愈有内在的芳香。"

有一位花贩告诉我，夜来香其实白天也很香，但很少人闻得到，他的结论是："因为白天人的心太浮了，闻不到夜来香的香气，如果一个白天人的心也很静，就会发现夜来香、桂花、七里香，连酷热的中午也是香的。"

有一位花贩告诉我，清晨莲花一定要挑那些盛开的，结论是："早上是莲花开放最好的时间，如果一朵莲花早上不开，可能中午和晚上都不会开了。我们看人也是一样，一个人在年轻的时候没有志气，中年或晚年是很难有志气的。"

有一位花贩告诉我，愈是昂贵的花愈容易凋谢，那是为了要向买花的人说明："要珍惜青春呀，因为青春是最名贵的花，最容易凋谢。"

有一位花贩告诉我……

让我们来体会这有情世界的一切展现吧，当我们有大觉的心，甚至体贴一朵黄玫瑰，以心印心，心心相印，我们就会知道，原来在最近最平凡的一切里，就有最深最奇绝的睿智呀。

（中国台湾）林清玄

生命只有一次

每一秒都是一幅斑斓的图画

在你探索的目光中，每一秒都是一幅斑斓的图画。

在你追寻的脚步中，每一秒都是你成功的阶梯。

抓住这一秒吧，抓住！紧紧的。

不要让它在你后悔的泪水中滑掉，不要让它在孤独的烦闷中失落。要知道，没有这一秒，人生就是一条断裂的沟，失去这一秒，你就得用千万个它来补偿。

无论你是自信，还是自卑，无论是想爆发或者沉默，这一秒是你的尽头，这一秒同样冲撞着你的机遇。

抓住每一秒吧！

（中国）代中云

缘

有缘的人，总是在花好月圆的时候相遇，在刚好的时间里明白应该明白的事，不多也不少，不早也不迟，才能在刚好的时刻里说出刚好的话，结成刚好的姻缘。

而无缘的人，就总是要彼此错过了。若真的能就此错过的话倒也罢了，因为那样的话，就如同两个一世也没能相逢的陌生人一样，既然不相知，也就没有得失，也就不会有伤痛，更不会有无缘的遗憾了。

遗憾的是那种事后才能明白的“缘”。总是在“互相错过”的场合里发生。总是在擦身而过之后，才发现，你曾经对我说了一些我盼望已久的话语，可是，在你说话的时候，我为什么听不懂呢？而当我回过头来在人群中慌乱地重寻你时，你为什么又消失不见了呢？

年轻时的你我已是不可再寻了，人生竟是一场有规律的阴错阳差。所有的一切都变成一种成长的痕迹，抚之怅然，但却无处追寻。只能在一段一段过去的时光里，品味着一段又一段不同的沧桑。可笑的是，明知道演出的应该是一场悲剧，却偏偏还要认为，在盈眶的热泪之中仍然含有一种甜蜜的忧伤。

这必然是上苍给予所有无缘的人的一种补偿吧。生活因此才能继续下去，才会有那么多同样的故事在几千年之中不断地上演，而在那些无缘的人的心里，才会常有一种似曾相识的模糊的愁思吧。

（中国台湾）席慕容

初次的美丽

初次，常常是一种牵挂。初次教我们懂得了珍惜。

初次是一种发现。初次是一种尝试。初次需要的是一颗简单的心。初次是全身心的投入。初次只问播种。初次面对的是陌生而新鲜。初次付出的总是很真诚。——即使你初上舞场的每一个舞步都笨拙得像只鸭子，即使你第一次跳高便踢翻了横杆，照样会赢来友爱赢来鼓励。因为，播种真诚也收获真诚，真诚总是很叫人感动的。

可我们现在呢？

我们常常觉着在身边的这一张张平凡琐碎的日历连接处，一定有一个无形的“结”把我们的生活紧紧地网在了一起，任你怎么也挣脱不出去。我们的心灵还不想麻木。但我们的激情呢？我们激情的“火山口”到底在哪里呢？

想起初次。

想起初次在纸上蜡笔画出的怎么也圆不起来的太阳的光芒四射；想起期末考试因为一门语文打了 98 分而怎么也睡不下的愧疚与不安；想起守望在车站的检票口前等待着恋人归来的狂躁和执着……真的,原来我们也曾这样地渴望过。原来我们也曾这样地辉煌过。原来我们也曾这样地激动过。原来我们也曾这样地美丽过。那，我们今天为什么就不再能呢？

想起初次！

是的。对于人生，初次永远是一声美丽的召唤。虽然，初次是找不回的，但重要的是我们能够找回那初次的心情，找回并保持那种初次对生活的新鲜、激动和真诚的心跳的感觉。

（中国）斌建华

不必过多苛求

从来没有一个时刻像现在这样知足快乐。生命于我恰似一枚初熟的果子，经历了雨雪风霜，已经开始尝到甜味，却仍保有它的新鲜和轻脆。

不再苛求什么，也不再计较什么，正因为多了一分包容的心，反而觉得世界无处不美，人间无处不好，人生小小的不遂不顺倒成了一种点缀，回头再看，也是一种风景。

有一日，我们也要如风而去。值得珍惜的是今天，好好地活，好好地爱，好好地享受我们的生命，因为人生短暂，许多美好的时光一经错过，就永远追不回来了。

他年，即使白发皤皤，又何能损我一丝一毫的美丽呢？

（中国）杏林子

寻找善良

善良，意味着温柔同情、宽容大度。它是浮躁易动中的持久，是七彩世界里的微笑静视，是自然又平展的生活样式。它凭直觉天性而来，毫无矫饰，平时在身边不觉得，却使你生活明朗、流畅、宽广。这是个最本质的女孩的应有禀性。

也许我们容易受变幻纷迷的色彩节奏蒙惑，去追赶空浮热闹的群流簇动，却忽略放弃那种契手可依的实在的人、实质的生活。而这又常使我们陷入形影孤吊的落寞，加深女性所固有的恐惧与依赖感，由此常驻莫名的误区。

作为女孩，为什么我们不温和善良，它是那么纯朴自然！毫无琐碎的刻意与敏感。它永远不会过时，永远让人如行春风。

（中国）谢葱葱

只有一次生命

人生苦短，生命只有一次啊！

我常常固执地要朋友们闭着眼睛，幻想着一直向前走，别回头，当你睁开眼睛那一刹那，整个世界便全是你的——大地、阳光、空气、绿色。一切一切。

可是，幻想总归是幻想。人活着并不一定拥有一切，但人死了绝对是永远地失去一切，尽管我还不很了解“永久”这回事。

那么，还是应该好好珍惜、享用你的每一秒吧，生命只有一次。

不要大声朗诵你的苦痛，找一块安静的地方，默默地，和大地一起去阅读。静谧中，死者听到了来自你内心深处的追悼和祈褥；静谧中，大地读懂了你，你也读懂了大地。于是，苦痛得到了稀释。

况且，生命只有一次，苦痛也罢，欢乐也罢，平淡也罢，灿烂也罢，都是人生优美的乐章，都值得我们关上门，独自细细地去咀嚼。

死是不可免的，但很多人都在很努力地生。尽管知道，很少人能在死后被人用铜铸成塑像，永久地坐在公园的椅子里，或者跨在广场的一匹马上。大多数人死后，都将像秋后一片片落叶，无声无息地回归自然。

活着的人，要记住，生命是美丽的，美丽总是短暂的。紧紧抓住它吧！生命对于我们，只有一次。

（中国）游　虹

珍惜落叶

蹲下去，请蹲下去，细细观察一棵草，哪怕是一棵最平常最弱小的草。

草也是一个生命。生命与生命相对。你不再是观察，而是面对着另一生命，交流，领悟。

草也不再是观察你，草面对着你这庞大而复杂的另一生命，将自豪地显示出自己的全部尊严、活力与憧憬。

蹲下去，请蹲下去……

一片叶子落到你的肩膀上，如一只手将你轻拍。

落叶是刚刚结束的生命。它以变化了的色泽，正在失去的柔软，以及开始蜷曲的形体，向你展示着一个生命那最后阶段的依恋与惆怅。

落叶跌在你的肩上，如轻拍轻抚，提醒着你：请珍惜！

（中国）刘心武

不同人生

常常去感觉时光流逝的冲击力量，并不表示对生命奔波的恐惧心理，甚至于，有一种决然抗衡的引力滋长在内心。人类毕竟对有限脆弱的生命，千古即抱怀着许多忧郁和梦幻。当活着的意义是宿命般的势必要承负起最不可测度的顿困挫折时，而成就的结果亦不可卜，其身心的全部负荷是可想而知的。有人在时光冲击中，还能勇敢地探看世界一眼。有人却在喧哗的人潮里，一声不息的淹没了。对同样的时间刻度，不同的观念与心态，往往决定一个人的成败，至少，由于最尖锐及最鲁钝的感觉，同样令人大为失措。

（中国）陈　煌

视死如归

说真的我很少为死去的人悲哀，反倒常为活着的人流泪。

死，并不是对生的逃避解脱，但当生命结束，自然也放下了一切忧苦烦愁的重担，获得了真正而永久的安息。而活着的却仍需要挣扎、需要流泪、需要承受千般痛苦，万般磨难，这才是叫我于心不忍的呀！

人生在世，我们都不过是客旅，是寄居的。

世途坎坷，刺棘丛丛。当我们已经活过、努力过、奋斗过，美好的仗也打了，当跑的路也跑了。那么，何不妨坦然无惧、欢欢喜喜地归去？

所以，在这一天真正降临时，但愿我所有的朋友们，都能——

擦干你的眼泪，带着微笑，

就当送别远行的老友。

（中国）杏林子

对生命的体验是最幸福的

情感是人们内心的风暴和巨浪

情感是所有这样的感觉；它们改变着人们，影响着人们的判断，并且还伴随着愉快和痛苦的感觉。这类情感有愤怒、怜悯、恐惧等等，以及与它们对立的情感。

（古希腊）亚里士多德

理性与热情是航行的灵魂的舵与帆

你的心灵常常是战场。在战场上，你的理性与判断和你的热情与嗜欲开战。

我恨不能在你的心灵中做一个调停者，使我可以让你们心中的分子从竞争与衅隙变成合一与和鸣。

但除了你们自己也做个调停者，做个你们心中的各分子的爱者之外，我又能做什么呢？

你们的理性与热情，是你航行的灵魂的舵与帆。假如你的帆或舵破坏了，你们只能泛荡飘流，或在海中停住。

因为理性独自治理，是一个禁锢的权力；热情，不小心的时候是一个自焚的火焰。

因此，让你们的心灵把理性升到热情的最高点，让它歌唱；

也让他用理性来引导你们的热情，让它在每日复活中生存，如同大鸾在它自己的灰烬上高翔。

我愿你们把判断和嗜欲当做你们家中的两位佳客。你们自然不能敬礼一客过于另一客；因为过分关心于任一客，必要失去两客的友爱与忠诚。

（黎巴嫩）纪伯伦

没有理性良心就不能得到发展

只有理性才能教导我们认识善和恶。使我们真善恨恶的良心，尽管它不存在于理性，但没有理性，良心就不能得到发展。

（法国）卢　梭

孤独忧郁是美的极致，也是欢乐人生的源泉

一个力量不足的人即使自己能够满足自己的需要，照我们

想来，有什么乐趣可说呢？也许他将成为一个孤孤单单，忧忧郁郁的人。我认为，没有任何需要的人是不可能对什么东西表示喜爱的，我想像不出对什么都不喜爱的人怎么能过幸福愉快的生活。

（法国）卢　梭

因为人有情感，意志自由的想法便成为梦想

凡是仅仅由自身本性的必然性而存在，其事物所决定的东西，则叫做必然的或受制约的。

我把人在控制的克制情感上的软弱无力称为奴役。因为一个人为情感所支配，行为便有自主之权，而受命运的宰割。在命运的控制之下，有时他虽明知什么对他是善，但往往被逼而偏去干恶事。

恶的产生，都是由于一切快乐或痛苦全都系于我们所贪爱的事物的性质上。因为凡是不为人所贪爱的东西，就不会引起争夺……，不会引起心神的烦扰。

爱好永恒无限的东西，便足以培养我们的心灵，使得它经常欢欣愉快，不会受到苦恼的侵袭，因此，它最值得我们用全部精神去追求，去探索。

荣誉资财获得愈多，我们的愉快就愈大，我们想增加荣誉资财的念头也就愈是强烈。但是当我们的希望一旦感到沮丧时，极大的苦恼便跟着发生。荣誉还有一种缺点，就是他能驱使好名利的人为人处事完全依世俗的意见为转移，追求世俗所追求的事物，规避世俗所规避的事物。

（荷兰）斯宾诺莎

爱是行动而非消极感情

凡其人格发展尚未超出获取性、剥夺性或贮藏性阶段的人，只可能如此理解给予。交易性人格乐于给予，但其条件是交换；对他来说，无所获取的给予等于上当受骗。凡其人格的主要倾向属非生产性者都把给予视做亏损，因而这类人多半都拒绝给予。也有人承认给予是一种富有自我牺牲的德行，他们认为：正因为给予是一种痛苦，所以人应该为之；给予即道德，因为它意味着担当牺牲。对他们而言，“宁与勿取”这句箴言不过意指：宁可遭受褫夺也不享受欢乐。

（美国）弗罗姆

过去的牧歌情感加上完美爱情可使生命达到平衡

我要的，已经得到了一名誉或认可，友谊或爱情，全部到了我的身边。我从社会和别人证实了存在的意义。可是不成，似乎还有另外一种幻想，即从个人工作上证实个人希望所能达到的传奇。我准备创造一点纯粹的诗，与生活不相粘附的诗。情感上积压下来的一点东西，家庭生活并不能完全中和它，消耗它。我需要一点传奇，一种出于不朽的痛苦经验，一分从我

“过去”负责所以然发生的悲剧。换言之，即完美爱情生活并不能调整我的生命，还要用一种温柔的笔调来写爱情，写这种和我目前生活完全相反，然而与我过去情感又十分相近的牧歌，方可望使生命得到平衡。

（中国）沈从文

醉的世界里，生活的矛盾消失在众人的“事业”里

将个人的感情消融在大众的感情里，将个人的苦乐联系在群体的苦乐上，这就是我所谓的“醉”。进到了醉的世界，一切个人的打算，生活里的矛盾和烦扰都消失了，消失在众人的“事业”里。这个“事业”变成了一个具体的东西，或者就像一块吸铁石把许多颗心都紧紧地吸到它身边去。在这时候个人的感情完全熔化在大众的感情里面。甚至轮到个人去牺牲自己的时候他也不会觉得孤独。他所看见的只是群体的生存，而不是个人的死亡。

（中国）巴　金

对生命的体验是最幸福的时刻

“生命”是一个美丽的词，但它的美被琐碎的日常生活掩盖住了。我们活着，可是我们并不是时时刻刻对生命有所体验的。相反，这样的时候很少。大多数时候，我们倒是像无生命的机械一样活着。

人们追求幸福，其实，还有比那些对生命的体验最强烈最鲜明的时刻更幸福的时刻吗？当我感觉到自己的肢体和血管里布满了新鲜的、活跃的生命之时，我的确认为：此时此刻我是世上最幸福的人了。

（中国）周国平

情爱和理念是历史中不朽的主脉

如果说历史中有什么不朽，大概真挚的情爱和伟大的理念该是两道主脉。真挚的情爱，是值得讴歌的！无论是爱情，友情，天伦的亲情，当无私的心灵呈献出热情的关怀，平凡的个体便放射出美丽的光彩，生命之力，也展示出创造的无限。可是，至纯的情爱，芸芸众生中，并不易得；幸而得之，在世事沧桑中，也不易长存久在。犹如皎然明月，必有阴晴圆缺的憾事，在纯情的背后，总有回荡不已的寂寞。伟大的理念，也是值得讴歌的！人本来就有才智和平庸的种种差别，人的禀性，更有敦厚与偏私的极端悬殊，这是无法强求一致的。所谓一种米养千种人，而推动时代前进的，却有千种人中最少的一种——先知先觉。先知先觉的人物，须有绝高的智慧，更须有宽厚的胸怀，他追求真理，悲悯人生，却往往与世俗相违而以寂寞告终，永远留下无穷的浩叹。

（中国）郭　枫

记忆力使我们觉得我们的痛苦在继续

我们认为一个不幸的人有多么可怜，我们才对他表示多大的同情。我们在肉体上对我们的痛苦的感觉，比我们想像的要小一些；由于记忆力使我们觉得我们的痛苦在继续，由于想像力可以把它们延及到将来，因此，才使我们真正有所同情。虽然共同的感觉应当使我们对动物一视同仁，然而我们为什么对它们的痛苦就不如对人的痛苦那样关心，我想，其原因之一就在于此。

（法国）卢　梭

偶遇会激起人异样的感情

一个人不管生活在什么处境里，是在麻木不仁的、胼手胝足的、肮脏发霉的下层贫民中间也好，或者在单调而又铁石心肠的，整洁而又枯燥乏味的上等阶层中间也好，他在人生道路上至少会有一次碰见一种跟他以前所看到的一切绝不相似的现象，这种罕见的现象至少会有一次在他心里激起一种他注定一辈子再也感觉不到的感情。

（俄国）果戈理

对可怕的事情不能过多加以同情

在战场上，士兵必须面对死亡惨状而无动于衷，同样的原因，面对这个世界发生在我们周围的可怕的事情，我们也不能让自己过于激动。我们只能怀着更多的同情。

（俄国）果戈理

爱着，就没有完全死去

如果我们一直爱着，那就没有完全死去，因为爱的行动，已将我们自己的一部分融入了被爱的人或物之中。树木、山峦、田野，大自然的一切生命；再者，诗歌、音乐、绘画、友人、爱人和祖国。在爱她们的过程中，我们将自己的某些部分给予它们，于是，这些我们所拥有过的最好的部分，又使我们获得新生。这便是我们的永恒；或者在星云掠过一排排墓碑时，这至少也是我们进入到虚化状态的一种渐进转变过程。在我们极为清醒时，某些事情昭示我们，我们并非为自己孤立地活着，而是一条链带的一环，众多样式中打开的一种，或者至少是我们所依赖的整体意义中的一部分意义。靠我们的爱，我们获得将自己融入整体中的那一部分，这样，自我便扩大了，使我们得以新生。

（英国）杰拉尔德·布瑞南

情绪上的态度比生理上的操劳更能制造疲倦

情绪上的态度比生理上的操劳更能制造疲倦。几年前，乔瑟夫·巴马克博士在《心理学档案》发表了一篇实验报告，说明倦怠感如何制造疲劳。巴马克博士要几个学生通过一系列枯燥乏味的试验，结果：学生都感到不耐烦想瞌睡，并且抱怨头痛、眼睛疲劳、坐立不安，有些人甚至觉得胃部不舒服。难道这些都是“想象”出来的？当然不是。这些学生还做了新陈代谢测验，测验显示：当人们厌倦的时候，身体血压和氧的消耗量显著降低。而当工作较为有趣富有吸引力时，代谢现象立刻加速。

（美国）卡耐基

世间人情的基础是儿女之情

我以为世间人与人的关系，最自然最合理的莫如朋友、君臣、父子、兄弟、夫妇之情，在十分自然合理的情况下都不外乎是一种广义的友谊。所以朋友之情，实在是一切人情的基础。“朋，同类也。”并育于大地上的人，都是同类的朋友，共为大自然的儿女。世间的人，忘却了他们的大父母，而只知有小父母，以为父母能生儿女，儿女为父母所生，故儿女可以永续父母的自我，而使之永存。于是无子者叹天道之无知，子不消者自伤其天命，而狂进杯中之物，其实天道有何厚薄于其齐生并育的儿女？我真不解他们的心理。

（中国）丰子恺

友情救我于迷途

友情是我的指路的明灯。在生与死的挣扎中，在受到绝望的打击以后，我的心常常迷失了道路，落在急流的水里，在此时将我引到彼岸的正是这友情。它救了我，犹如飞马星座救了北极探险途中的麦克米伦。

(中国) 巴　金

只要能生死相共，便是痛苦也成为欢乐了

得一知已，把你整个的生命交托给他——他也把整个生命交托给你。终于能够休息了：你睡的时候，他替你守卫，他睡的时候，你替他守卫。能保护你所钟爱的人，像小孩子一般信赖你的人，岂不快乐！而更快乐的是倾心相许，刻腹指示，整个儿交给朋友支配。等你老了，累了，多年的人生重负使你感到厌倦的时候，你能够在朋友身上再生，恢复你的青春与朝气，用他的眼睛去体验万象更新的世界，用他的感官去抓住瞬息即逝的美景，用他的心灵去领略人生的壮美……便是受苦也和他一块儿受苦！……啊！只要能生死相共，便是痛苦也成为欢乐了！

(法国) 罗曼·罗兰

痛苦会使人干出可怕的罪行

他感到一种可怕的痛苦，这种痛苦是当一个才能薄弱的人想干他不能胜任的事而终于不能办到时，有时会在天性中显露出来的；这种痛苦，在青年身上会产生巨大的力量，但在已经

失掉幻想的人身上就会变成徒然的渴望；这种痛苦，会使人干出可怕的罪行。

（俄国）果戈理

幸福是一种好奇之乐

通往幸福之路，是培养对万事万物的好奇心。这种好奇，不仅仅对人，也对事物；不仅仅对艺术，也对历史和异域风情；不仅仅对城镇乡村，也对植物和动物；不仅仅对布满藓苔的岩石，树皮上奇妙的印记，也对繁星和星子；不仅仅对我们的友人，也对居住自己心灵深处的纷乱的隐秘。如果我们能够这样做，那么，我们无时无刻不沉浸在欢乐之中，毫无半点厌烦。

（英国）杰拉尔德·布瑞南

情感可轻翥高飞，翱翔天外，肉体实足滞沉重，不离泥土

在阳光下追思过去，俨然整个生命但在两种以及无数种力量中支撑抗拒，消磨净尽。所得唯一种知识，即由人之双手所完成之无数泥土陶瓷形象，与由上帝双手挂泥所完成之无数造物灵魂有所会心而已。令人痛苦也就在此。人若欲贴近土地，呼吸空气，感受幸福，则不必有如此一方知识。多数人或具有一种浓厚动物本性，如猪如狗，或虽如猪如狗，唯感情被种种名词所阉割，皆渴望从日常生活中感到完美与幸福。譬如说

“爱”，这些人爱之基础或完全建筑在一种“情欲”事实上，或纯粹建筑在一种“道德”名分上，异途同归，皆可得到安定与快乐。若将它建筑在一抽象的“美”口，结果自然到处见出缺陷和不幸。因美与“神”近，即与“人”远。生命具神性，生活在人间，两相对峙，纠纷随来。情感可轻翥高飞，翱翔天外，肉体实足滞沉重，不离泥土。

（中国）沈从文

人最根本的需要是克服分离

人之最根本的需要是克服分离，挣脱其孤独的牢狱。如果一个人完全无力于此，则其必然结局就是疯狂。这是因为：疯狂乃是彻底从外部世界退居到自身，在精神错乱中，与个人相隔绝的外部世界会顿然消失，由分离而萌生的孤独感也随之匿迹，这样，由极度孤寂引起的恐慌便可驾驭它而予以根除。

（美国）弗罗姆

孤独的条件使孤独变得可怕

孤独之所以令人恐惧并不是因为孤独的本身，而是由于孤独的条件。恰如死亡的可怕并非因为死的本身的缘故，而是死的条件一样。但是，除了孤独的条件之外，还有什么孤独存在吗？同样，死，除了死的条件之外，还有什么死存在呢？我认为死和孤独都是除其条件之外无法捕捉到实体的事物，但我们能说没有实体性的东西就没有实体性吗？

（日本）三木清

孤独比喧嚣更易于忍受

和别人混在一起时，我向往孤独。孤独时，我又向往看到我的同类。但解除孤独毕竟只能靠相爱相知的人，其余的人扰乱了孤独，反而使人更感孤独，犹如一种官能，因为受到刺激而更加意识到自己的存在。

孤独和喧嚣都难以忍受。如果一定要忍受，我宁可选择孤独。

（中国）周国平

寂寞是决定人命运的情境

孤僻属于弱者，孤独属于强者。两者都不合群，但前者是因为惧怕受到伤害，后者是因为精神上的超群卓越。

寂寞是决定人命运的情境。一个人忍受不了寂寞，就追寻方便的排遣方法，去会朋友，谈天，打牌，看电视，他于是成了一个庸人。靠内心的力量战胜寂寞的人，必是诗人和哲学家。

（中国）周国平

艺术需要你全部的激情

艺术是引导生命之路的一种诱惑

艺术是人类的梦想——关于光明、自由和宁静的力量的梦想。这一梦想的线索从未断过，将来也不必怕它中断。

（法国）罗曼·罗兰

艺术是人类社会最敏锐的神经

艺术和语言是人类进步的两个手段。一个使心灵相通，另一个使思想交流。假如其中有一个出了毛病，社会便要呈现病态。

（俄国）列夫·托尔斯泰

艺术需要你全部的激情

为艺术牺牲一切，用全部的激情去爱它——不是混糅着世俗欲念的激情，而是宁静的高尚的激情；没有这种激情，人就不能从地上升起，发出奇妙的抚慰的声音。因为崇高的艺术创作正是为了抚慰和调和一切人而降临到世间来的。它不可能在人的心里煽起仇恨，却永远像响亮的祷告似的奔向上帝。

（俄国）果戈理

艺术家和大自然结合才会形成杰作

一切都美妙极了，那是不论大自然，也不论艺术家，都怎样也构思不出来的，只有当大自然和艺术家结合在一起，只有当自然用它的刻刀对人工的，经常是缺乏性灵的，过于繁琐的作品加以最后的雕琢，删削笨重累赘的大块文章，剔除趣味粗俗的精细工整，弥补寒伧的把构思立意袒露无遗的破绽和疏漏，给只求均衡整齐的冷漠风格创造出来的一切注入奇异的温暖——只有在那个时候，才会形成这一种美妙的杰作。

（俄国）果戈理

在艺术中，人格确实就是一切

在生意经上，欺骗有时候会得手，但是在艺术上，诚实不但是上策，也是唯一的策略。

（英国）毛　姆

艺术和自然的生命力在于韵律

韵律是什么？它是由和谐产生和规定的节奏的起伏变化，是艺术家中的创造力。只要语言保持平铺直叙的枯燥形式，语言就不能给人以任何真实的感觉。语言只具备韵律、进入起伏的节奏，它们才能活跃起来，放射出光辉。这就如同玫瑰花，你若分析玫瑰花瓣的肉质，你可以找到构成玫瑰花的所有成分。但是，一种形象的玫瑰花却失去了，有着无限意味的终极消失了。在我看来，玫瑰花是静止的，但是由于它的组织的韵味，是在那种静止中就能发出的情趣，这如同一幅达到完美和谐的绘画具有生气勃勃的动感是一样的。当韵律给予意识一个与它自己同步的情感节奏，我们的意识中就产生了音乐。一幅图画，如果只是颜色和线条的杂乱无章的堆积，那么它就是死气沉沉的静寂。

（法国）泰戈尔

艺术和科学之间应该有更多的沟通

人们告诉我们，艺术和科学之间应该有更多的沟通。一个作家，掌握一些科学既成观念或正在形成的观点是重要的，不然，他就不属于当代世界。同样，科学家最好也能对一种或多种艺术怀着浓厚兴致，不然，他就会陷入二元思维的危险之中。每一个人都应该努力使自己成为人类理想的样子，纯粹的理性主义者永远不会成为出色的人类，正如斯蒂芬孙所说，这些人的心中没有阴影。当然就时间和精力而言，一个人对他的特殊领域之外的事物的关注，总是有一定的限制。另外，缺乏对数学的了解，任何纯粹的科学都不可能真正理解。所以科学的氛围过于纯净，很少有作家能习惯于此间自由呼吸。

（英国）杰拉尔德·布瑞南

艺术是为人生的

艺术是价值的创造，它根本是为人生的。怎样生活，无论是内心的或外在的，才可以使人生美满，怎样的自然和社会才适合美满的人生，如何而后可以创造那些美满者适合或消灭那些相反的部分，这是艺术的一些基本命题。

（中国）郭沫若

艺术的禅机——得意忘形

在造型艺术中，无论绘画，书法，雕塑、篆刻或是建筑，都有形与意这两个互相关联的要素。形是诉诸于人们感观的事物外象，无形之物很难说是什么东西。不仅难于表现，而且难于欣赏。譬如风，是可感而不易绘的自然现象。但“吹皱一池春水”便可成为其形。

但是对一个艺术家来说，徒见其形的作品并无意义。你费两月之时画三个苹果，哪如花两元钱买来的真苹果更圆润更富色彩呢？它能吃。

中外美术之所以成为人类重要的精神财富得到珍视并继续

发展下去，不在于它画了什么我们没有看到的东西，也不在于它画得多么像，而在于它富有“意”的含蕴，用现代话说是富有思想内容。时代精神与艺术家主体的旨趣。

（中国）原　野

与一切美的事物发生内在感应的美是让我迷恋的

一个漂亮女人能够引起我的赞赏，却不能使我迷恋。使我迷恋的是那种有灵性的美，那种与一切美的事物发生内在感应的美。在具有这种美的物质的女人身上，我不仅感受到了大自然的美，艺术的美，生活的美。因为这一切美都被她心领神会，并且在她的气质，神态、言语、动作中奇妙地表现出来了。她以她自身的存在增加了你眼中那个世界的美，同时又以她的体验强化了你对你眼中那个世界美的体验。

（中国）周国平

举世无双的美是大家都能看到的

世上有丰满的美，为的是让每一个人都能看见它，把它的印象永远保持在自己心里。如果她只是长得还可以，而不是这样一种精美绝伦的创造物，那么，她有权为某一个人所专有。这人可以把她带到荒野的地方去，把她藏起来。可是，举世无双的美应该是大家都能看见的。

（俄国）果戈理

如果我们能够充分了解贝多芬内心的音乐是什么，我们自己也可以成为贝多芬

如果我们能够充分了解贝多芬内心的音乐是什么，我们自己也可以成为贝多芬。然而由于我们不能掌握其奥秘，因而我们全然不信任贝多芬在奏鸣曲中的人格要素——尽管我们十分清楚，它的真正价值在于有力量触到我们人格深处。如果对在钢琴上演奏的奏鸣曲作一番考察的话，那就过于简单了。我们可以计算键盘上黑键和白键的数目，测量琴弦的相对长度，手指运动的强弱，速度和先后秩序，然后洋洋自得地断言：这就是贝多芬的奏鸣曲。

（印度）泰戈尔

天才不能凭空捏造事情

作者写出创作来，对于其中的事情，虽然不必亲历过，最好是经历过……我所谓经历，是所遇，所见、所闻，并不一定是创作，但所作自然也可以包含在里面。天才们无论怎样说大话，归根结蒂，还是不能凭空创造。描神画鬼，毫无对证，本可以专靠了神思，所谓“天马行空”似的挥写了，然而他们写出来的，不过是三只眼，长颈子，就是在常见的人体上，增加眼睛一只，增长了颈子二三尺而已。这算什么本领，这算什么创造？

（中国）鲁　迅

作家和批评家的关系类似厨师和食客

我想，作家和批评家的关系，颇有些像厨师和食客。厨师做出一味食品来，食客就要说话，或是好，或是歹。厨师如果觉得不公平，可以看看他是否神经病，是否厚舌苔，是否挟夙嫌，是否想赖账。或者他是否广东人，想吃蛇肉；是否四川人，还要辣椒。于是提出解说或抗议来——自然，一声不响也可以。但是，倘若他对着客人大叫道："那么，你去做一碗来我吃吃看！"那却未免有些可笑了。

（中国）鲁　迅

一个作品的失败渴望在下一个作品中得到相当的成功

先要忘掉书本，忘掉目前红极一时的作家，忘掉个人出名，忘掉文章传世，忘掉天才同灵感，忘掉文学史提出的名著，以及一切名著一切书本所留下的观念和概念。末了我还再三说，希望他们忘掉"做作文""缴卷"。能够把这些妨碍他们对于"创作"认识的东西一律忘掉，再来学习应当学习的一切，用各种官能向自然捕捉各种声音、颜色和气味，向社会中注意各种人事。脱去一切陈腐的拘束，学会把一支笔运用自然，在执笔时且如何训练一个人的耳朵、鼻子、眼睛，在现实里以至在回忆同想像里驰骋，把各种官能同时并用，来产生一个作品。我以为能够这样，这作品即或如何拙劣，在意识上当可希望是健康的，在风格上当可希望是新鲜的，在态度上也当可希望是严肃的。写成后，若认为失败了，也不过是把这个作品放在过去的标准中比较，得到一个不可免的失败罢了。然而毫无可疑；第一个作品即或失败，能用这样方法态度继续下去，却可望来日在另外一个作品得到相当的成功，倘若作者不以失败为意，有魄力，有毅力，能想法多写，认识社会各方面，了解他们的言语，爱和憎，悲哀或悦乐。一支笔学会大胆恣纵无所畏忌的写下去，这个人所读的书即或不多，还依然能写出很完美很伟大的作品！

（中国）沈从文

诗评家不要随意指出阅读选择

令人讨厌的是，有一些诗评家，总是确定出某种规则，并告诉我们应该读哪些诗人，不该读哪些诗人。阅读选择应该是我们自己的事情，如果我们天生喜欢诗歌，就会乐于他们选择的杰作。我们读评论家的文章，是因为他们比我们花费了更多的时间和思考，用在所研究的诗人身上，这样会对人有帮助。但最终我们自己的判断，才是对我们唯一重要的事情。诗的存在，是使人愉悦，而不是精细剖析，对一首诗知道得越多，反而会影响对它的喜爱。最优秀的批评家，用充分的引证来阐述他们的观点，从而使我们自己作出判断。但是，过去五十年间出现过多少优秀诗评家呢？顶多一打。

（英国）杰拉尔德·布瑞南

诗人应尽可能多地把握最初的设想

抽象画经常靠偶发事件创作出来。画家发现，绘画时颜料的涂抹，或用刷子，或喷洒，或点缀，都能形成确定构图，向他寓示某些意义。他照此工作下去，令他满意的一幅画便渐渐呈现了，诗人写诗时也能出现相类似的情况。除非他已假定诗句开头，他都会对将要表达的东西有一个基本想法，但在写作过程中，心里冒出来的词句或形象会导引他离开初衷，有时甚至与开始设想完全两样。没有明显的逻辑原因，一个词会突然在脑中闪出，或许以它的声音，或有意义吸引了他，这种情况可能会影响整首诗的创作过程。所以，写一首诗，诗人需要把心灵保持一种可塑性极强的状态，他应该尽可能多地把握住最初设想，给予诗以基本形态。同时，他还需要常常注意发现有幸遇到的偶发事件。因为一首诗，如布莱克所说，比绘画更要决定于每时每刻的特殊性。

（英国）杰拉尔德·布瑞南

作家创作的喜悦是读者所没有的

一头奶牛在挤奶工人开始挤奶之前，并不知道自己有多少奶汁。于是，它惊奇地打量周围，看着奶汁装满奶桶并溢出。同样如此，一个诗人或作家在他搁笔之前，也不知道他该说出什么。渐渐，思想在纸上显现出来，他便会惊奇地发现自己的财富。“多么辉煌啊！”他对自己说。“我从来没想到我是这样聪明!”然而，读者难以有这种激动。

（英国）杰拉尔德·布瑞南

写文章当以新为贵

写文章算是做什么的，这问题在旁人看来觉得毫无道理，但在我们写着文章的人都是很切要的。这算是艺术，工艺，技术么？都不是的。我们从艺术里挑出画家，工艺里挑出陶工、技术里挑出说书的来做代表，他们都要在出手以前经过相当时期的训练学习，这是与写文章相同的，至于其他事情便不是一样了。恕我外行瞎说，画家画梅花，竖的一幅，横的一幅，自然也要经过安排，总之是画好许多幅梅花，幅幅都是艺术品，可以拿出去展览，没有人说他是重复雷同的。陶工可以制造出好些同样的花瓶来。说书的天天反复说几部书，熟极生巧，反而愈说愈来了。写文章的不能这样子，他写过一篇讲梅花的，明天便不能差不多的再来一篇，至少也要改讲梅子，在画梅花的却不带画青梅的。我们写短文章的，在现今我们提倡文章愈好的时候，本来是应该加倍努力，可是也实在不容易，俗语云，吃一行，怨一行，可是既如上边所说写文章到底不知道算是什么，不成其为行；那么也就无所闻其怨了吧。

（中国）周作人

作家就是一个收藏家

有各种各样的收藏家。作家也是收藏家，他专门收藏自己的作品。当他打开自己的文柜，摆弄整理自己的文字时，那入迷的心境比起集邮迷、钱迷来，有过之而无不及。可是，他的收藏品只有一个来源，便是写作。也许正是这种特殊的藏癖促使他不停地写呵写。

（中国）周国平

哲学家和艺术家是相通的

我深信哲学家和艺术家是相通的。诗人的心灵，哲学家的头脑。这两样东西难道能分开吗？对人生的强烈感受难道不是必然会导致对人生秘密的探索吗？艺术难道不是对人生之谜的解答吗？艺术家和哲学家是气质相似的人，他们都是不实际的不世故的，进入他们视野的是人生和宇宙的大问题。

（中国）周国平

文学艺术家应该善于把握时代的哲学精神

文学艺术家作为引导国民，时代的灯火，应该善于把握时代的哲学精神。在描绘当今的大自然时，他应该考虑到怎样帮助现代人建立人与自然之间的新型和谐关系，应该重新探索人类在自然界中的位置这一古老课题，他应该通过自己的作品，形象地揭示出这样一种哲学，并且让它深入千千万万读者的意识，只有当人与自然界处在和平共生状态时，人类的持久幸福才有可能。没有生态文明，物质文明和精神文明就不会有保障。破坏生态平衡，就等于自杀，等于自己拆自己的台。

（中国）赵鑫珊

超前意识的作品并不一定具有现实意义

有一些作者，时常感叹当代人的领悟能力太低，不能理解他的作品的深邃和巧妙，公然声称自己的作品是专门写给下几世纪的人看的，颇有一种不屑与当代人为伍的清高。我对这些具有如此超前意识的作者总是佩服得很。因为到了下个世纪，这样的作品不但具有伟大的现实意义，而且还是具有深远的历史意义。除此之外，就“作品”本身而言，还更另有一层意义；在未来他是件“古董”，在今天它是个“预言”对于这样一个经得起各种角度评价的不朽之作，怎么能不让人如捧圣书，肃然起敬呢？

唯一使我感到遗憾的是，这样的作者未免有失厚道。你把专门给下个世纪人看的作品都写出来了，你让下个世纪的作家写什么？这不是存心砸人家的饭碗吗？

（中国）汪国真

书籍，当代真正的大学

书读得越少或越不加思考，你就会觉得你知道得很多，而当你读书而思考得越多的时候，你就会越清楚地看到，你知道得很少。

（法国）伏尔泰

美是心灵的欢乐

美不是一种需要，只是一种欢乐。

她不是干渴的口，也不是伸出的空虚的手，却是燃烧的心，陶醉的灵魂。

（黎巴嫩）纪伯伦

对大师与杰作我们只能默默无语

有人说过：“平凡的人用他们的作为来付账，较高尚的人用他们本身来付账。”为什么呢？因为一个造诣深的性格用它的动作与语言，甚至于它的状貌与态度，来唤醒我们内心的力与美，就像是一个塑像或图画陈列所给予我们的影响。

（美国）爱默生

艺术能帮助我们重建生存环境

我们得到我们应该得到的艺术。在过去时代的小型社会群中，人类的联系丰富多彩，生活充满生机和活力。生存环境，既有美丽的自然风光，又有优雅的建筑。在现代世界，高耸着杂乱无章的网络状建筑。公寓千篇一律，人群蚂蚁一般拥挤不堪，来去匆匆，车辆交通甲虫一般爬行，我们就是生活在这样的环境里，无聊地消磨年华。社会规模越大，我们就会更多地退缩到无特征的日趋窄小的个性之中，失去本来属于活生生社会有机体的特有情感。不错，我们受教育的程度大大提高了，相逢的人们越来越多的都具有良好的修养和精密的思维，但是，尽管如此，我们的艺术正濒临死亡，因为我们生活的这个世界已经漫无目的，情感衰竭了。一个人要么只能这么说，情况就是如此，艺术能帮助我们重建我们的生存环境——其方法是或者教会我们如何逃避，或者教会我们如何模仿。这就是未来的希望吗？我们也许梦想美好的日子到来，可是我们想象不出什么社会或政治制度会医治好我们的状况，一个高度复杂化的、工业的、经济的世界必然人口膨胀，这就需要高标准的物质享受来补偿日益紧张的生活。

（英国）杰拉尔德·布瑞南

揭示平庸和冰冷的东西需要勇气和牺牲

一个作家如果敢于把每日在我们眼前发生的一切，把冷漠的眼睛所见不到的一切，把可怕的、惊心动魄的，湮埋着我们生活的琐事的泥淖，把遍布在我们的土地上，遍布在有时是辛酸而又乏味的人生道路上的冰冷的、平庸的性格的全部深度，统统揭示出来，并且用一把毫不客气的刻刀的锐利的锋着力把它们鲜明突出地刻划出来，让它们呈现在大众的眼前，那么，他就没有那样的好运气，他的命运便是另外一种样子的啦！他既听不到民众的掌声，也看不到感激的眼泪和被他震动的心灵的一致的兴奋；不会有一个十六岁的少女为他神魂颠倒，迷恋到忘我的地步，迎面向他飞扑过去；他也绝不可能在他自己发出的甜美音响的怀抱中自我陶醉；最后，他必然逃脱不了当代法庭——虚伪而又冷酷的法庭——的审判，他所孕育的创作将被诬称为卑微的、低贱的东西，他将在一批亵渎人类的作家的行列中得到一个含诟忍辱的地位，他所描绘的人物的品格将被强加在他本人身上，他的心灵，他的良知，他的天才的神圣火焰，从此将被褫夺。

（俄国）果戈理

艺术的眼睛到达心灵世界

诗人的两只眼睛，其一注视人类，其一注视大自然。他的前一只眼叫做观察，后一只眼称为想象。

诗存在于思想中；思想来自心灵。体现思想的诗句无非是健美的身体上的漂亮的外衣。

（法国）雨　果

诗歌中对大自然的感情医治了人们心灵的创痛

诗歌教会了中国人一种生活观念，通过谚语和词卷深入地渗入社会，给予他们一种悲天悯人的意识，使他们对大自然寄予无限的深情，并用一种艺术的眼光来看待人生，诗歌通过对大自然的感情，医治了人们心灵的创痛；诗歌通过享受简朴的生活的教育，为中国文明保持了圣洁的思想。它时而诉诸于浪漫主义，使人们超然于这个辛勤劳作和单调无聊的世界之上，获得一种感情的升华，时而又诉诸于人们悲伤、屈从、克制等感情，通过悲秋的艺术反照来净化人们的心灵。

（中国）林语堂

写作的意义贯穿历史

我不写作，却思索写作对于我们生命的意义，以及对于这个社会明天可能产生的意义。我想起三千年来许多人，想起这些人如何使用他那一只手。有些人经过一千年或三千年，那只手还依然有力量能揪住多数人的神经或感情，屈抑它，松驰它，绷紧它，完全是一只有魔力的手。每个人都是同样的一只手，五个指头，尖端缀覆个淡红色指甲，关节处有些微涡和小皱，背面还萦绕着一点隐伏在皮肤下的青色筋络。然而有些人的手脚似乎特有魔力。是不是我们每个人都可以把自己的手变成一只魔手？是不是只要我们愿意，就可以把自己一只变成为光荣的手？

（中国）沈从文

用幽默给人关怀使人心情愉快

在婚姻和家庭生活中某些值得怀念的时刻，折损人的幽默可能会造成不可磨灭的伤痕。甚至笑也可能笑得不妥当。撇开高声狂笑，试试在那一刻能直达人心灵深处的幽默力量。有时候这力量进行得十分温和，我们可能不会觉察到它是幽默的，但是它的确使人心情充满愉快。

（美国）特　鲁

教育和宣传不能代替文学

文学有宣传的作用，但宣传不能代替文学；文学有教育的作用，但教育不能代替文学。文学作品的产生潜移默化，塑造灵魂的效果。当然也会做出腐蚀心灵的坏事，但这两者都离不开读者的生活经历和他们所受的教育。经历、环境、教育等等都是读者身上、心上的积累，它们能抵抗作品的影响，也能充当开门揖“盗”的内应，读者对每一本书都是“各取所需”。塑造灵魂也好，腐蚀心灵也好，都不是一本书就办得到的。只有日积月累，不断接触，才能在不知不觉间受到影响，发生变化。

（中国）巴　金

作品价值决不能以价钱来评定

人们拿钱估量一切，我要的价钱高，我的作品就有了价值。可是，我偏不这样干！就是饿死，我也不能请财神爷来帮忙提高我的价值。我看的很清楚：世界是一块冰凉的石头，我像在上面滑冰似的晃来晃去。但是我挣扎，决不教自己滑倒！我决不悲观，我决不妥协！

（中国）老　舍

历史和文学是人类的两面镜子，但后者照得更远

历史考据只扣住表面的迹象，这正是它的克己的美德，要不然它就丧失了谨严，算不得考据，或者变成不安分、遇事生风的考据，所谓穿凿附会；而文学创作可以深挖事物的隐藏的本质，曲传人物的未吐露的心理，否则它就没有尽它的艺术的责任，抛弃了它的制造的职权。考订只断定已然，而艺术可以想象当然和测定所以然，在这个意义上，我们不妨说诗歌、小说、戏剧比史书来得高明。

（中国）钱钟书

人类理由化的能力，是掩饰过去的一种工具

人类的悲哀是，在成长的过程中，不能不接受种种物质的、意见的冲击或刺激，在这些外在的因素影响下，人会变得宁可服从魔鬼之声，而不听从良心之声。开始时，自己会与良心发生交战，慢慢地会被魔鬼之声中所提供的一套理由而将自己的过失开脱掉。人类“理由化”的能力，固然是促使心理健

康的一种因素，也是掩饰过失的一种工具。这种工具会使人逐渐倒向魔鬼的一边，而听任良心的日渐僵化。

（中国）韦政通

悲剧是让一切坏的东西在悲愤和百感交集中统统死去

在莎翁的历史剧、喜剧和悲剧中，我最推崇他的悲剧。我对莎翁哲理悲剧的推崇，其实就是对人性得以净化和净化之后的崇高感表示肃然起敬。因为悲剧的最高美学效果原是让一切坏的东西在悲愤和百感交集之中统统死去。

使观众落泪当然不是悲剧的功能和效果，悲剧的功能和效果是叫你在震撼之中坠入沉思，叫你升。悲剧是灵魂的过滤器。悲剧可以引发内心爱的潜力。

（中国）赵鑫珊

大自然是人类的老师

自然使智者目眩，使野蛮人目盲

神秘的大自然有两种作用，它使智者目眩，使野蛮人目盲。当一个人无知、旷野里又充满了幻象时，一切都成为不可思议；因此人们的内心便有了无数深渊。

（法国）雨　果

自然是人生驿站的一个风景

人与自然——这个风景，如果你们弃之不顾，它就失去见证者，停滞在永恒的默默无闻的状态之中。至少它将停滞在那里；没有那么疯狂的人会相信它将要消失。将要失去的是我们自己，而大地将停留下麻痹状态中，直到有别一个意识来唤醒它。

（法国）萨　特

秋天是收获的季节，人生的秋天也将结大量的果实

不久秋天就将来到这里，那时，你希望自己像一棵结实累累的树那样，向你们的衣兜里倾落大量的果实；但是在生命的冬季里，你的须发灰白了，生命也活够了，那时，你希望自己有这样的幸福——你的安息和冬季时自然的安息一样，是荣耀的，是裨益于人的。

（德国）贝多芬

城市不在城墙里，倒在智慧多的地方

你们的时代与历史，这几千年来，不是仁爱的历史，而是自私的历史。在这世界的历史里，每一个伟大的有威力的时代的产生，都是由于某一种热诚得到了胜利。而你们与自然相联系的精神纽带却被城墙割断了。——你们的所谓历史只是一种浅薄的村俗故事。

（美国）爱默生

世界是孤独心灵的咖啡屋

你无须离开你的房间。只要经常坐在你的桌边聆听着。不只是聆听，还要等待。不只是等待，还要保持静默与孤独。世界将会拆下它的假面，坦然无蔽地向你奉献，它毫无选择，它将在你的脚下出神且狂喜地旋行。

（奥地利）卡夫卡

自然是人类生活的样本

大自然对于你们来说不是别的，就是一种随心所欲的存在；它是包含于其中的诸多事物的构成体；它是遵循它特有的和永恒的法则的存在本身。

（德国）席　勒

如果是玫瑰，它总会开放的

一朵花在含苞未放的时刻是不应当去摘的，要不然这朵花就既不会散发香味，也不会结出果子来。

（苏联）高尔基

落红不是无情物，化作春泥更护花

死叶消失于土壤中时，便渗透在森林的生命里了。

（印度）泰戈尔

大自然蕴含破釜沉舟的斗争

大自然既然在人间造成不同程度的强弱，也就常用破釜沉舟的斗争，使弱者不亚于强者。

（法国）孟德斯鸠

一切都在太阳光中崛起

黑暗和光明在不知不觉中办了交接班的手续。黑暗和白天是没有一道绝对的分界线的。夜晚在天亮时逝去，白天从长夜中诞生。但是毕竟一切都在阳光中崛起。

（中国）陈祖芬

大自然喜欢向强者挑战

大自然待人，如同待动物一样；弱者毁灭留下来的只是强者。

（法国）巴尔扎克

在无限的星空下生活，心灵是自由的

自然界有一种恬静的美和力量。……人生在美丽的大千世界上，在无限的星空下生活，不会感到挤得慌。

（俄国）列夫·托尔斯泰

自然是陶冶心胸的伟大学校

自然是陶冶心胸的伟大学校！我将是这个学校里的一名学生，并且热切地等待着它的教导。在这里面我将学到智慧，唯一不致令人生厌的智慧。在这里面我将学会认识上帝，从认识上帝而预先体验到天堂的幸福。从事着这些事物，我的尘世的日子将平静地流逝，直到我被接引到另一个世界去，——在那里我不再是一个学生，而是一个知悉智慧的人。

（德国）贝多芬

大自然是人类的老师

大自然向我们展示着奇迹……不向大自然请教的科学家不过是平庸的人儿，大自然才是我们最好的老师。

（意大利）达·芬奇

自然的生命是人心中的景色

自然景色的生命，是存在于人的心中的，要理解它，就需要对它有所感受。

（法国）卢　梭

相看两不厌，唯有敬亭山

自然界是一本不隐藏自己的大书，只要我们去读它，我们就可以认识它。

（德国）费尔巴哈

自然的赐与给人一种快乐

最重要的事情就是我的意识从未对周围世界的事实感觉迟钝。云彩就是云彩，一朵花就是一朵花，这已足够了，因为它们是直接与我谈话的，因为我不会对它们无动于衷。我至今记得那一时刻，一个下午，当我从学校回家，跳下车来的时候，我向天空望去，突然看到，在我们房屋的上层平台后面，黑压压的雨云越积越厚，寒冷的阴影笼罩了周围，它的奇异，它仍慷慨大方的表现，给了我一种快乐，这快乐是自由，是我们在密友的爱中感到的自由。

（印度）泰戈尔

孩子玩游戏如鱼在水中，出乎天性；

成人却总不免做作矫情

凡一个人，即使到了中年以至暮年，倘一和孩子接近，便会踏进久已忘却的孩子世界的边疆去，想到月亮怎么会跟着人走，星星究竟是怎样嵌在天空中。但孩子在他的世界里，是好像鱼之于水，游泳自如，忘其所以的，成人却有如人的凫水一样，虽然也觉到水的柔滑和清凉，不过总不免吃力，为难，非上陆不可了。

（中国）鲁　迅

江河达海是一种必然

江河，它一定要向东流，非达于海不可。为着要达到入海的目的，它不避一切艰难，不怕任何险阻，也不择任何途径，从高山透过岩石，透过沙泥，或者走小小的溪流，或者走广阔的江河。江河不通的时候，曲曲折折的经过溪流，溪流不通的时候它可以潜入地下。在可以奔放的时候它会变成千钧之势的瀑布和海洋，但在不容许它畅流的时候，它也可以默默地成为地下水，不为人注意地向东流去。

（中国）夏　衍

自然物的生存没有丝毫的矫揉造作，成为人类自由理想的象征

亚里士多德说："诗是模仿自然的东西。"我看他这句话，不仅是写实家所谓忠于描写的意思，他是说诗的创造贵在自然流露。诗的生成如像自然物的生存一般，不当参以丝毫的矫揉造作，我想新体诗的生命便在这里。

（中国）郭沫若

花给人以道德和美的联想

花的形色，表示人生的复杂的象征：例如就色而论，白花表示纯洁，赤花表示爱情和繁荣，紫花有王者象征。就形而论，桃花梅花表示复杂的统一，菊花表示不整齐，玫瑰花牡丹花表示结构调和，紫藤花等表示变化的统一。这等象征，在不知不觉之间给青年道德的暗示。菊花的凌霜，梅花的耐寒，对人也有一种高纯洁的暗示。山间花、水溪的花，人迹绝少到的地方的花，也同样地开颜发艳，不求人知。这给人更高尚的暗示，引起人的超然遗世的感想。诗所谓："涧户寂无人，纷纷开且落。"读之引起人对于自然的神秘的探究心，终于崇敬自然的神秘，感入自己的心身。女子爱花的道德的暗示，更大于男子。

（中国）丰子恺

花是沉默的美人

花并不歌唱，是沉默的美人。但它以袭人的香气作为语言与万物交流。

中国人是最善于赏花的民族，说梅是“暗香浮动月黄昏”，说兰是生于幽谷的“王者之香”，说荷是益清益洁，“外直中通”的君子，国人更多地注意到花的品格，或者说将人在社会生活中的信念移情中。因而凌寒而放的梅花与报尽富贵的牡丹从来就是两种截然不同的人生了。

花香以清为胜，以淡淡发散为上品，这与茶道的境界粗通，符合宁静致远的人生理想。花若香气浓烈逼人，就称不上君子而是满手金戒指的暴发户了。

（中国）原　野

抛弃市井尘嚣，风景无处不在

从冬眠的鼾声中醒来

树的鼾声是冬眠的跋涉。多长久的冬眠？一季？一个世纪？还是一百个世纪？

我的一脚踢醒了早晨，也许应该说早晨的一脚踢醒了我。你已经上山了，又从山上下来，一路说着春季的惺松。其实你也是树，也是披着春季的一棵树，头顶萌出晨曦的嫩黄，发尖高高举起年轮，一道道回转的年轮绕着自己，也绕着走过来的时光。

对时光可能有许多不同的解释，但都徘徊在瘦瘦长长的身上。几乎所有的身子是一种垂直的立姿，向天空伸出饥渴的手臂。

一手摘取阳光，一手摇落雨点。

（中国）张秀亚

春之怀古

春天必然曾经是这样的：在绿意内敛的山头，一把雪再也撑不住了，噗嗤的一声.将冷脸哭成花面，一首撕撕然的歌便从云端唱到山麓，从山麓唱到低低的荒村，唱入篱落，唱入一只小鸭的黄蹼，唱入软溶溶的春泥——软如一床新翻的棉被的春泥。

那样娇，那样敏感，却又那样浑沌无涯。一声雷，可以无端地惹哭满天的云，一阵杜鹃啼，可以斗急了一城杜鹃花。一阵风起，每一棵柳都吟出一则则白茫茫、虚飘飘，说也说不清。听也听不清的飞絮，每一丝飞絮都是一株柳的分号。反正，春天就是这样不讲理，不逻辑，而仍可以好得让人心平气和。

春天必然曾经是这样的，满塘叶黯花残的枯梗抵死苦守一截老根，北地里千宅万户的屋梁受尽风欺雪尤自温柔地抱着一团小小的空虚的燕巢。然后，忽然有一天，桃花把所有的山村水廓都攻陷了。柳树把皇室的御沟和民间的江头都控制住了——春天有如旌旗鲜明的王师，因长期虔诚的企盼祝祷而美丽起来。

鸟又可以开始丈量天空了。有的负责丈量天的蓝度，有的负责丈量天的透明度，有的负责丈量天的高度和深度，而所有的鸟全不是好的数学家，他们吱吱喳喳地算了又算，核了又核，终于还是不敢宣布统计数字。

至于所有的花，已交给蝴蝶去点数。所有的蕊，交给蜜蜂去编册。所有的树，交给风去纵宠。而风，交给檐前的老风铃去一一记忆、一一垂询。

春天必然曾经是这样，或者，在什么地方，它仍然是这样的吧？穿越烟囱的黑森林，我想走访那踯躅在湮远年代中的春天。

（中国）张晓风

夏天是四季的青春期

春天那始而让人欣喜继之令人腻烦的风雨过后，就是北方短暂的夏天了。田野里齐斩的绿苗是春天的足迹，是夏天敏感的触须。四季载着万物轮转，花虫草兽已经像情窦初开的少男少女，热烈喧哗。

候鸟从南方飞来，也不知是回归故里还是一种神秘的规律。家燕回到旧巢，带着新生的雏儿，它们吱喳吵嚷，是否与人一样泛起了物是人非的沧桑之感？门前的小河被树影过滤后依然温柔地东流。又一个夏天！

夏天是四季的青春期，春天只是四季的童年。人类总是在夏天有神圣而纯洁的热恋，而繁花也是选择夏天展示自己生死之间的光艳。

浓云四合，蓝汪汪的天空像海一样开始退潮，只留下湿漉漉的沙滩。不用说，夏天是有着迷人的雨季，花雨伞撑起很多无雨的天空，一人、两人的世界。这时音乐将漂我而去，像·一片汪洋。因为夏天的雨，加上风，就是最最原始缓重相宜的打击乐，从记忆的另一端奏起，瓦楞和梧桐，是高亢或低沉的乐器。听啊，那一片迷人的旋律的世界。当雨点敲击屋顶时，一个人当然不宜出去雅致地散步。只有坐在屋子里，像只有音乐修养的小甲虫趴在巨大的共鸣箱里倾听这命运交响曲。

夏天的雨总是来去匆匆，不等天黑透，云已退回，天空点缀起朦胧的星辰。一瞬间，云和山、山与天的层次顿然分明，像大自然昭示给人类的真理，倏忽而逝。而眼前却是迷濛的雾气。

随着雨季逝去的每个夏天、都将是人类不再返回的故乡。而我们祝福着夏天，同时也被夏天祝福……

（中国）佟鸿力

与秋阳亲近

秋天的阳光也是可爱的，虽然从来只有冬日可爱的说法。夏日可畏。从可畏转为可爱，这中间就是秋天的阳光，它可以说是一个可爱的开始。在秋天的阳光下缓缓而行，既没有刺目的光芒叫你难于睁开眼睛，也没有灼人的热气叫你难于移动脚步，加上不时有习习凉风使你有一种从炎夏中解放出来的舒畅，不由得要长长的舒一口气，甚至是举足奔跑一番，来显示心头的高兴了。

阳光、空气、水，是人类不能缺少的三宝。希腊哲人曾经藐视帝王的尊严，不让他挡住自己身前的阳光。而我们，却叫一些东西整天把阳光挡住了。却缺乏工夫在白天里和阳光亲近。当外面是丽日行天，阳光铺地的时候，屋子里却是沉沉的灯光，有如阴雨的日子一般。无意间打开窗户，才知道自己骗了自己。

出去走走吧，到山野里去，亲近一下深秋的阳光吧！

（中国）吴令湄

从可畏走向可爱

冬天的时候，我坐在阳台上晒太阳，同一个下午的太阳，我们能感觉到每一刻的触觉都不一样，有时温暖得让人想脱去棉衫，有时一片云飘过，又冷得令人战栗。晒太阳的时候，我觉得阳光虽大，它却是活的，是宇宙大心灵的证明，我想只要真正地面对过阳光，人就不会觉得自己是神，是万物之主宰。

只要晒过太阳，也会知道，冬天里的阳光是向着我们，但走远了，夏天则又逼近，不管什么时刻，我们都触及了它的存在。

记得梭罗在华尔腾湖畔，清晨吸到新鲜空气，希望将那空气用瓶子装起，卖给那些迟起的人。我在晒太阳时则想，是不是有一种瓶子可以装满阳光，卖给那些没有晒过太阳的人呢？

每一天出门的时候，我们对阳光有没有触觉呢？如果没有，我们的感官能力正在消失，因为当一个人对阳光竟能无感，如果说他能对花鸟虫鱼、草木山河有感，都是自欺欺人的了。

（中国台湾）林清玄

令人爽心的黑暗

啊，夜晚！啊，令人爽心的黑暗！您是我内心欢乐的信号，也是我精神恐慌的慰藉。在旷野的静寂中，在一座都市石砌的迷宫里，闪闪的繁星，明亮的灯盏，你们就是自由女神放出的焰火啊！

苍茫的暮色啊，你是多么温柔甜蜜！粉红色的晚霞还滞留在天际，就好像在夜晚胜利的打击下，白天正在残破丧生；又像是多枝烛台上的灯光在夕阳的最后余辉上罩起了一层昏暗的红纱；也像是在东方的深渊里，有一只无形的大手揪起这沉重的帷幔。所有这一切也在人类一生庄严的时刻，模仿着内心复杂情感的搏斗。

人们还会说，这是舞女们一种奇特的衣裙，透明的薄纱显示而又遮掩着里面一条绮丽夺目的短裙，就像在现在的黑暗中，透出了美妙的过去。而黑夜所播下的这闪闪的金星、银星，也正代表着那奇幻的火焰，只是在黑夜那深深的悲哀中才闪出光亮。

（法国）波德莱尔

夜

夜，披着神秘的黑面纱，一弯明月镶在光滑而虚无飘渺的额，点点星光衬托出迷人的线条，轻云是你手挽薄纱的晚装，微颤的晚风是你平静的鼻息。噢，夜，动人的夜！

夜，可曾有人看清过你？有人喜欢你的安静，令亲密的更为亲密；有人诅咒你的冷酷，令恐惧的更为恐惧。

诗人赞美你，在逃者感激你，你包容一切和谐、争斗。你是冷眼的旁观者，你是软弱的见证者。

夜，让我看清你，那高高在上，握着生之权杖的是你吗？你明亮的眼透着寒光，你高挺的鼻写着高傲，你薄薄的唇抿着残酷。你的胸膛虽然美丽洁白，却冰凉刺骨。天边的威严是你的宝座，软弱的心灵在为你颤抖。

夜，让我看清你，那近在咫尺，带着含蓄笑容的是你吗？你明亮的眼透着温柔，你小巧的鼻写着调皮，你玲珑的唇滴着甜蜜。你柔软的胸膛，有着母性的博大。浓浓的浪漫是你的秋千，轻轻荡起天边的和谐。

夜，我无力拒绝你的来临，也无法挽留你的离去。多少次甜蜜，多少次落寞，多少次争斗，多少次恐惧，都因你而起。噢，让我又爱又恨的神秘的夜。

（中国）施　沁

走进画里的风

刚才还墨黑的天，忽然就蓝得让我心颤，蓝得让我想起没有走远的爱情。梧桐树冠一动不动，贴在天空上，树上的月淡得像个光明的洞，通向天庭深处。人要进这洞，要走多远？能找到些什么？向西看，那边疏淡着几颗星，那洞小，只够进蚁蝗。屋里，录音机散着克莱德曼的琴声。早层多么美好。

后来就起风了，树叶开始动，声音走进画里，月亮变得像白纸，一定是谁用白纸糊住了月亮的洞口，进去的人怎么出来？好在这纸越来越薄，一阵风来要吹成屑的样子。朝阳升起来。早晨已经过去，白昼多么美好，而这美好的白昼，也会淡淡地逝去。

（中国）宇　波

雨之魅

真喜欢这样绵绵的雨，长长地落着，忘记了晨昏，忘记了时间，也忘了节令。啊，尤其在这五月已过去了一半的初夏，雨像薄纱的帷帘一样突然地放下，立刻为你隔住了很多阳光下的喧腾和扰攘，以及过分明白清晰的事物形象。

在幽黯的气氛里，第一滴雨像珍珠般掉落，然后无数的雨珠串连成线，压抑着飞扬的灰尘……虽然雨的步态转柔，但是你仍然听见它清朗的带着金属韵律的步音；当众弦俱奏又不停地增加更多的弦索时，你就可以听到一曲丰富的雨的交响乐了！这时，你整个地被笼罩在雨丝交织成的帘子里。首先，你感到了丝绸触肤的凉爽，炎热退却，烦嚣也跟着远去。隔着一点距离看人生？人和事都比较好安排。真的，在这静静的下雨天，谁也不骚扰谁，只见雨中的绿意如润玉，蓓蕾们也都有了血色，同样是我们枯旱的心——日日沉埋在烟尘和烦嚣中的，竟也获得一些泽润，寻回一点宁静，找着那属于自己的声音和思维。如果雨下得更浓更密，你就更无牵挂了，很多生活上的杂七杂八都可放下，而且一无愧作。只有在这时，你可以理直气壮地把不想做的事情统统给推开说：“下雨嘛，等天好了再说。”——这真是最好的理由，谁也不敢责怪你懒惰，其实你虽懒，心灵却像雨水中的叶开始摇曳起来，尤其是在这五月已过去了一半的初夏，让似甘露的雨带给你一份凉意，给你从容地酝酿那创造的灵泉吧！

(中国) 蓉　子

雷，为世界写生

我看见你抽出那不曾生锈的长剑，把这垂死的天空，浮肿的天空，泛滥着狰狞和欺骗的天空，劈成碎片！

天空被你征服了，土地被你俘虏了，森林被你拯救了。

你为什么要哭泣，从破碎的天空中，洒落你淋漓的悲哀？

我知道这是你流着泪呼唤，向愚蠢的山脉和迟钝的原野，呼唤蓬勃的苏醒和冲动。

你静默了吗，在雨的音乐中，你隐入虚无，潜入狂人和疯子的痉挛中？或者隐居在水中、云中、雾中？或者藏进诗人忧郁的瞳孔？

你依然存在着，绝对真实地存在着，而且你还在奔跑，象血液运行的脉管，你飞翔在时间无涯的路上。

我忽然有了惊奇的发现——

你还是一位为世界写生的画家，你一路奔跑着，泼洒着灼目的光彩，把一幅幅杰作贴满天宇。

瞧，在遥远的天边，又一幅光的图腾，火的图腾……

（中国）李汉荣

晶亮的瞳仁

颤颤地凝结在青青荷叶之上，玲珑剔透。

如歌、如哭、如珠，如乳，如河塘晶亮的瞳仁。

在长夜里默默孕育，艰难的超脱没留任何痕迹。一粒无邪的真纯，竟从污浊腥膻落叶腐泥中脱颖而出。

以透明而自省。

以沉默而独立。

荷露呵，我愧与你相望。我一直固执地认为，身陷污秽，谁也不得不染。没有晶莹，没有纯洁，甚至没有超然于浊流之上的清醒。置身金色的污浊之中，我常目眩神迷，不能自拔，我不如荷上露呵。

（中国）丁　可

雾，一首朦胧的诗

我喜欢雾。

我喜欢那使世界呈现出朦胧之美的雾。我赞美雾之神那种象征派诗人一般的笔法。

有人说过，落雾的时候，世界整个的变成了一间白色的屋子，而这屋子既没有门，也没有窗，你既无从进来，也无从出去，只有在那一片白色的氤氲中，和自己的影子捉迷藏，这真是一种很有趣味的说法。

在雾中，一个富丽堂皇的世界是隐去了，我们徘徊雾中，正如读到一首意境高远、含蓄深厚的诗，其妙处，原只可以意会。（你在雾中一步步的向前挪移时，正如将诗中妙句一字字地仔细默咏）当你隔着一片浓雾，忽然听到你熟悉的那条小河的潺潺水音，那份喜悦，确不是在阳光朗照悍所能体会得到的。

我喜欢雾霭烟横的晨昏，一如我喜欢晓阴翳日的微雨天气。薄雾与轻阴笼罩下的世界，虽然是那样地迷离恍惚，使人有无处不凄之感，但是霏雾弄晴的光景，不是已予人无限的希望吗？

浓雾微阴之后，

必能看到更灿烂的阳光，

（中国）张秀亚

雪原上留不下永久的痕迹

大海一般宽阔的平原啊，透明的、宁静的冬日的平原。树是稀疏的，一排排地站着，近处的有合抱那么粗细，可银灰的天边那一排虽也一样清晰可辨，但已是小如牛毛了，而那边似乎还有，或许是天外之天，世外之世吧，连童话里小人国的人的手指，都比它大好多好多倍呢！

从铺着落叶的树下，从田头走过，我感觉每棵直立的树，都充当着一个千斤顶，是它们支撑着，天空才不至于塌下来

我们在田间小道上行走，风也在走，云也在走，天空愈来愈低了，树尖似乎都刺到天空里去了，却都没有弯曲，四周也依旧透明，依旧可以看到天边去。不一会儿，树枝间飞起了雪花，仿佛众多急行的天鹅扇落下来的羽毛。

于是，平原成了雪原。

蓦地，我生出一种愿望，就是要用比王羲之更流利的毫笔，在一张硕大的宣纸上随心所欲地涂抹，如在这雪原上印下自己的脚印，然后为风雪弥补，再印上，再弥补……

雪原上留不下永久的痕迹，但在历史的长河中却驰骋过我不羁的欢情！

（中国）刘宏伟

山是处变不惊的智者

原来山令我降服的地方，不在它的高度，却在它千古不变

的沉默。

每天早上，离开了现代的地穴，踏上路面之时，这山，又幽幽的静卧我面前。山巅上的狮子，在日光之下，永远不卑不亢，像一只洞明世事的壮年狮子，并不年幼得时刻不忘炫耀，也不年老得只顾昏睡，它精神抖擞，冷眼看着山下的一一切。

山虽是不卑不亢，却常无意的使它脚下的人自惭形秽起来，觉得山是可望而不可及的，然而山没有不让你爬上它的巅脊上看下去，就像这狮子，我还是小孩子时，已经跨越它的背，环抱它的脖子，所以我至今仍相信它并不暴戾，只是一个处变不惊的智者。

任管树木无情，风吹着叶时仍听泣诉，偏偏是山，它只献出肯定无缺的线条，除非你走到山里，否则它与你形同陌路。这一阵子，我多么的想亲临高山！

（中国）草　雪

永恒的雕像

一块岩石，一块大得远远就须仰视的岩石。

默默地存在于深山中，旁边那株生了千百道年轮的老银杏，也不能说清你究竟存在了多少世纪。

数不清的风风雨雨，抽打出全身核桃纹一般的疤痕。

太阳、月亮和星星轮回地抚摸，全身便慢慢打上了灰黑色的烙印。一阵清风吹来，叹息着滑过寂寞的苔藓。

你不是一位诗人面对着海洋咏诵的那块礁石啊，只是一块极普通的岩石，背负着云来霞往的蓝天，脚踏着春花秋实的大地。过去默默，现在默默，默默地站成一代代山民永远的希望，站成一尊山民永恒的雕像！

（中国）柴福善

深山

我抛弃市井尘嚣，风尘仆仆地到深山去了。

深山并没有古寺。没有古寺，自然没有男男女女、老老幼幼的香客，以及香客的一段段有影没影、生生动动的故事，也自然欣赏不到和尚们最擅长的、撞得宏然而鸣的钟声，如何被细雨沉沉打湿。

深山，只有那名副其实的山，一峰一峰如屏而立；只有那名副其实的水，一弯一弯如镜而流。真山真水，决非哪位大手笔泼墨所能了得！

我只管走去，且不念百种小虫，如何低低落落地呼唤，且不想千种小鸟，怎样清清脆脆地啼鸣，只管走去，一直走入幽深之境。

走入幽深之境，对周围蜂拥而来的风景，我也一无所求，为求它们的赞美，不求它们的仰慕。

（中国）柴福善

石不语

岩石，还有什么比它更平凡？但早在最原始的生命出现之前，它已然是我们这个星球的主人了，虽然它从来默默不语。

在那天地混沌初分，宇宙洪荒的年代，是岩石与大自然中的风、火、水、电进行了亿万年的壮烈搏击，以无数岩石粉身碎骨为代价，为生命和人类的出现创造了最基本的条件。随着我们这个星球日臻成熟，岩石作为地壳的最主要成分，就开始默默地承载着大地上日益繁衍的万物，为万物的发展变化提供着最根本的依托。

岩石会记得，在它的胸膛上和肌肤上，世上的沧桑变化已发生了多少次，人间的历史剧已演过了多少幕。岩石，这个天地大舞台的主要构建者和见证人，它做了很多，知道很多，但它默默无语。

岩石无语，难道它只想在这天地大舞台扮演一个旁观者和无心人？当然不是。在地心深处，岩石融为炽热的岩浆，构成地球脏腑中那燥动着的红色的心脏，而一旦有机会释放出它身上负荷的高温高压，岩石又会表现为地表上震撼天地的火山喷发，促成世界上的陵谷巨变。可是，如果你认为岩石在动变中只知盲目的显示力量，那又错了。只要细心，在地壳上每一个陵谷变迁的现场，你都可以看到岩石所表现的那别出心裁和独运匠心——那苍莽的崇山峻岭，就显示了它在造山运动中那纵横捭阖的雄图大略，而那瑰丽的奇峰异石，则表现了它为装点天地，美化自然的细腻用心。谁能说岩石不是一个有心者呢？但它默默无语。

（中国）黑　瑛

我喜欢……

大千世界，万物纷纭。我喜欢冲出幽谷的小溪，因为它的不懈、它的执着；我喜欢搏击长空的雄鹰，因为它的勇敢，它的矫健；我喜欢点缀大地的小草，因为它的无忧、它的潇洒……

当温馨的和风轻柔地抚着脸庞，当毛绒的细雨亲昵地舔着大地，我喜欢置身于迷濛的烟霏里，让斜斜密密的雨丝似无声又有声、似有声又无声轻悄悄把我的心儿织绿。

当皎洁的明月在苍穹高高地悬挂，当清凉的银辉向大地静静地泼洒，我喜欢走进那安详的夜，倾听微风弹奏低柔恬静的音符，任思想的野马在过去与未来纵情地驰骋。

当晶莹的露珠睁开惺忪朦胧的睡眠，当瑟瑟的西风轻拂雾纱笼罩的枫林，我喜欢漫步于蜿蜒的山径，静看片片红叶回归它原始的摇蓝。为春天重又酝酿那飘逸的绿香。

当纷纷扬扬的雪花似轻盈白蝶翩翩飞舞，当冰清玉洁的丝缎铺天盖地地覆着万物，我喜欢徜徉在那银白的世界，贪婪地阅读着春姑娘遥寄给人间洋洋洒洒的片片来信。

当金色的太阳无语地放射着光辉，当纤细的小草支支绿笔把春描绘，我喜欢躺在那茵茵的花香盈溢的芳草地，随着碧空中如烟如絮的白云，缓缓悠悠漫无边际地遐想。

当黑色的帷幔把夕阳的胭脂遮掩，当闪烁的星光将浩翰的墨蓝妆点，我喜欢独自数着璀璨的星辰织着美妙天真的梦，遥想——“在那缥缈的天边，定然会有美丽的街市”。

当第一缕微光撕裂浓黑的夜幕，当太阳的圆号奏响黎明的晨曲，我喜欢沐浴着霞光在天高云低的山顶远眺，把青春的激情、炽热的期待、飞翔的渴望写进灿烂的天宇！

朋友，你知道吗？现在，我喜欢，我喜欢拉着你的手，一起走进美妙的大自然……

（中国）李映华

我是小溪

没有瀑布的气势，没有江水的磅礴，我只是一条小溪。

我羡慕大海的深沉，却从不掩饰自身的浅陋，我赞叹大海的浩翰，却从不自卑于自身的孱弱。我总是敞露心扉，寻求雨的甘霖，冰的消融……

我讨厌死水，它只进不出，总是摆出一副故作矜持的神态；我同样不喜欢井水，它自恃高洁，却总是洞井观天……

潺潺流淌，永不停歇，这是我不变的吟唱。

曲曲弯弯，沟沟坎坎，这是我毅然的抉择。

（中国）顾维平

湖之韵

好静寂的世界！没有风，连湖畔的芦苇都似在屏息谛听。烟头扑闪着火光，融入夜的寒冷的空间。微微的水光裹挟着淡淡的水气，在湖面拽起一条隐隐的白亮，延伸到远远的朦胧之中。“喇啦——”水声揉碎安宁的世界。我们凝神倾听，一眼不眨地望着水面。又一声脆亮的水声，真真切切的。又一声……看到了！我们看到那跃出水面的鱼，一挺身躯，又淹没在水间，尾巴抛甩水面，溅起团团的水花，漾开轮软欢乐的涟漪。天亮了，云层冒出银白，撒向湖畔白亮，撒给水面莹莹碎光。……蒙着水气的湖面如盖着条轻柔的薄纱，袅袅娉娉地漾动；迷离的水光似漂泊不定的银鳞，隐隐地闪烁在水气之中。湖面渐渐冒出火色，淡淡的红。哦，日出了，东方云天是一团胭脂色，犹如少女的羞涩脸颜。很快云层化出金亮的耀眼闪光，云层的红光慢慢化开了，染成一大滩。太阳急不可待地冒起来，云层簇拥着，灼烫的烈光烧红了掩映的云絮，一抹抹地瘫在天空。太阳为痴情的云翳拢着，掩住了它骄傲的脸盘。我们感谢天公的作合！展现在面前的，有如一位羞涩地用纱巾掩住半边脸颜的姑娘，较之“团扇半遮脸”的娇憨之态，不是更美、更真切一些？美，未必在于完全的袒露之中，那种朦胧的，隐隐的意境，更具有耐人寻味的魅力。

（中国）陆　平

完整而含蓄的风景

置身于光洁明亮的河中，如岛。

画纸似一片停留的云。

如水清澈的眸中有树、有船、有岸，有垂钓的人生长出纤细的枝茎。而河中有声音深沉，似鼓。

一枚青翠的树叶顺河而下，叶片如釉。我怀疑是岸边的那个红衣少女的化身。无数条河以不同的姿态在身边流过。该画什么？洁白的画纸如在询问。

涟漪轻轻地涌来涌去，一圈圈波纹如一层层未知，唤你透视，唤你领悟，且极少重复，像河中游动的鱼。

一条船浑身披满黄金。在海水中航行着。它翘首奋进的样子，给人们壮阔的启示。

一叶帆在画纸上出现。

——河中写真，我只画了一叶帆，这最完整最含蓄的风景。

（中国）周志强

沉默的海礁

因为涨潮，因为看不到你被冲刷的痕迹，因为没有搁浅的舢板的缘由，便恐慌于海的淹没之中吗？

存在着，海的力量不可变更。

存在着，海涛仍然无法冲毁屹立的现实……

熟识者，望及平坦的沙滩而喜遇浴海时的夏期。

俯拾过存留于礁缝中的海菜，海礁并不因为这撕碎的海的衣衫而失去完整的意义……

因为你默默无语的兀立，使海与岸的通路产生一种虚幻的慰藉。

经受着冲刷和无数回粗豪的抚摸，让那排天的浪与你会意，让那溺水者因为寸土产生复生的奇迹。

哦，这些无语的却可以苏醒生命的海礁……

喧嚣的海里也有沉默的表达……

（中国）李华新

古柏，永恒的生命之诠解

远山朦胧，近峰嵯峨。你是这山中凝固的历史遗迹。

龟裂的树身，深如溪涧的皱纹里，写满岁月不灭的伤痕。你躯体的洞穴里，满壁悲凉，这是人类痛苦的记忆吗？你可不是枯槁待朽的树种；历史的云烟，不曾使你飘落一片绿意。

扭曲的树干，繁衍悲壮，滋生希望。

死去的不再复生，成为诗人世代吟赞的主题。

活着的又发新芽，成为画家世代泼墨的素材。

山间古刹，钟声再起。

时间的帷幕，徐徐落下。

倒下的有人，有兽，也有你的同族。而你依旧枝叶繁茂，顶天立地。

呵，古柏。你给我的不是苍凉的回味，而是亢奋的追溯；是一个永恒的生命的诠释。

（中国）杜万凤

古槐，精气的凝固

不缱绻一江春水，不缱绻一汪秋月么？

不厌倦彤彤烈日，不厌倦满尘霜雪么？

尚是你！除却八千里路云和月，尚是你！

静静地伫立，默默地承受。爱也如斯，恨也如斯。也欢悦，也忧思；也惆惋，也向往。

就以这样的姿态，洋洋洒洒显示生命之美。其叶也凋零，其枝也虬放，其干也挺壮，而势飒飒凛凛洋溢着伟岸风范。

唯凋零也苍凉，唯虬放也苍凉，唯苍凉愈见其英勇悲壮。

把生命的一端，植根于贫瘠的黄土，汲取母体的乳汁，养绿色的天宇，养生存的信念。生命的另一端，直指天宇，托天风的鸣语，托大地的灵气，托豪迈的希冀。

一株、两株或者三五株，孤寂孑立或者矗立成行，是造化的垂青，是精气的凝固，脱尽了自然的风骨，塑造了生命的力度。

（中国）马云洪

搅动心湖的老槐

我依稀觉得，有一棵百岁的老槐树，竟然被我遗忘在心中的某一个角落。它就在这样的冷风、这样的寒气、这样的夜空、这样的星星下，寂寂地把枝叶巍峨地向天空伸展。

我犹豫着，恍惚中坠入朦胧的世界。我好像做一场悠长的梦，梦中的路，向无际的远方；就在天边，我又邂逅那冷风，那寒气，那夜空，那星光。

而在眼前，也有一棵枯干的老树，树皮脱落了，树干在齐着屋顶处给锯断了，但它却仍然顽强地立在那里。

我不知道它叫什么树。

可是啊，这棵不知名的老树竟搅动我的心湖，招来一种乱纷纷的回忆。

我的憧憬是抽出的新芽，纵横交错地织成绿色的旗帜，在春雨中轻轻飘扬。

憧憬远去了，只有冷风、寒气、夜空、星光依然故我。

我确切地记起，有一棵百岁的老槐树，曾经在我心里住下来。

（中国）涂陶然

读书是永远的追求

人类“至善”是无限绵延的过程，需要毕生的保养

在这个世界之内，甚至在这个世界之外，除了善良意志之外，再没有任何东西可以称为绝对的善了。毫无疑问，有许多东西，从某些方面看来，是好的和可欲求的，假如：具有心灵上的能力（无论称它是什么）：智力、机敏，智慧；具有情感上特质：勇敢、决断，坚韧；具有幸运的收获：权力、财富，荣誉；具有幸福的条件：健康，安乐，对自己处境的满意。但是，人如果具有这些东西但其意志不善良，那么，也可产生极坏的后果。如果不是善良意志指导它们慎重选择道德的善，它们就会导致傲慢与自然。

也许世间没有过真正的朋友，但人们总是要求一种无私的友谊，因为纯粹的义务与纯粹的友谊是联在一起的，它属于一个先天的，先于一切经验而决定意志活动的理由性观念。

保存自己的生命是一种义务，但是由于人人都有这种爱好，而且在通常情况下，都专心致力于这一点，所以，人们对保存生命抱着小心保养的态度，并不算是有真正的价值，而且他们的行为所遵守的准则，也不具有任何道德上的意义。

（德国）康　德

认识到自己的“无知”，才是产生智慧的开始

“无知的知”，是古希腊哲学家苏格拉底说的名言，是他当时针对风靡一时的专讲歪理的诡辩学派所说的话。诡辩家们总是以“无知不知”的姿态对付苏格拉底：苏格拉底对这种“整个训人”的语言游戏非常愤怒，就特意提出“无知”在街头巷尾发表议论，强调“认识自己”，以自知其“无知”之明，来唤醒人们对自己的“无知”。

所谓“无知的知”，首先是对“知”采取谦逊的态度，即以“无知”的虚心进行一切学习的态度。

“无知的知”还有惊叹含义，像是发现了什么新事物说的话：“啊呀，原来是这样的啊！”这时的惊叹是感到新鲜的。人类本身就是一片清新，朝气蓬勃的。如果人类不是这样清新，既不能进步也不能挑战了。

（日本）田边升一

生存的快乐来自许多平凡的日子

很多年过去了，常常觉得欠了这位陌生人一笔债；一笔可以归还的债；将信心和快乐传递给另外一些人类。将这份感激的心，化做一声道谢，一句轻微的赞美，一个笑容，一种鼓励的眼神……送给似曾相识的面容，那些在生命中擦肩而过的人。

我喜爱生命，十分热爱它，只要生活中一些小事使我愉快，活下去的信念就更加热切，虽然是平凡的日子，活着仍然是美妙的。这份能力，来自那枝小草的延伸，将这份债，不停地还下去，就是生存的快乐了。

（中国台湾）三　毛

秘密的倾诉使心与心更贴近

心与心的贴近，情感与情感的交融，往往是从彼此或单方面的倾诉心灵深处的秘密开始的。有一些秘密藏在心头太久了，便成了一团混浊的空气，对自己并无什么益处。当你敞开心扉，阳光便会照射进来，春风便会吹拂入来，心灵便会透亮起来。

（中国）汪国真

讽刺的作用是恐吓又是开导

讽刺与怜悯是一对美好的助言者。前者在微笑中，使人生变得活泼可爱，后者在含泪中，使人生变得神圣万分。

（法国）法朗士

美在生命的过程中

有一天，我也终于会像今天的母亲一样地老去，那时候，我的女儿也会像今天的我一样，在水笼头下清洗着鲜美的蔬果，再来一寸一寸地把她的孩子喂养长大。所以，谁能说这些都仅仅只是一场黄粱梦而已呢？而每回闻到草叶的清香，看到潮汐的涨落，就会想到那些我曾经拥有过的幸福时刻。

（中国台湾）席慕容

割去了中毒化脓的肌肉，身体就复元了

对自己的身心有自信，不怕刀割，认为必须立即治疗的大胆而放心地给医生开刀，这样割去了中毒而化脓的肌肉，身体就复元了。和此相反，明明其病人在脑，病毒入骨了，却害怕一经医治病源暴露出来……，那么这个病人的前途，就在他对自己无自信，和对外怕揭发之点，决定了死亡命运。

（中国）夏　衍

我崇拜朝气，喜欢自由，赞美胆量大的

我崇拜朝气，喜欢自由，赞美胆量大的，精力强力。一个人行为或精神上有朝气，不在小利小害上打算计算，不拘于物

质攫取与人世毁誉；他能硬起脊梁，笔直走他要走的道路，他所学的或同我所学的完全是两样东西，他的政治思想或与我的极其相反，他的宗教信仰或与我的十分冲突，那不碍了，我仍然觉得这是个朋友，这是个人。我爱这种人也尊敬这种人。这种人也许野一点，粗一点，但一切伟大事业伟大作品就只这类人有份。他不能避免失败，他失败了能再干。他容易跌倒，但在跌倒以后仍然可以爬起。

（中国）沈从文

决不会吃了牛肉自己也即变成牛肉的

这样害怕，一动也不敢动，怎样能够有进步呢？这实在是没有力量的表示。比如我们吃东西，吃就吃，若是左思右想，吃牛肉怕不消化，喝茶时又要怀疑，那就不行了——老年人才是如此；有力量，有自信力的人是不至于此的。虽是西洋文明罢，我们吸收时，就是西洋文明也变成我们自己的了。如吃牛肉一样，决不会吃了牛肉自己也即变成牛肉的，要是如此胆小，那真是衰弱的知识阶级了，不衰弱的知识阶级，尚且对于将来的存在不能确定，而衰弱的知识阶级是必定灭亡的。

（中国）鲁　迅

和谐就是美

一切好的和使人感到舒适的事物，都是简单而自然的。

（法国）罗曼·罗兰

与善人居，如入兰芝之室

一个爱读书的人，他必定不致缺少一个忠实的朋友，一个良好的老师，一个可爱的伴侣，一个优婉的安慰者。

（英国）伊萨克·巴罗

读一本好书就是和许多高尚的人谈话

爱看书的青年，大可以看看本份以外的书，……即使与我本业毫不相干的，也要泛览。譬如学理科的，偏看看文学书，学文科的，偏看看科学书，看看别个在那里研究的，究竟是怎么一回事。这样子，对于别人，别事，可以有更深的了解。

（中国）鲁　迅

应当有所发明，不可人云亦云

我确实不能像著述家们那样引经据典，我认为，在经验的指导下读书，价值要大很多，因为经验是他们的老师的导师。他们趾高气扬，洋洋得意，而不用自己的劳动来争光，却拿别人的劳动给自己装点门面，甚至不允许我凭自己的劳动来争光。他们瞧不起我这个发明者，而他们自己无所发明，只是吹嘘、背诵别人的著作，难道不该受更大的谴责吗？

有所发明的人，沟通自然和人类的人，好像镜子前面的实物；一味背诵、吹嘘别人著作的人，则好像镜子里面的物影。前者有自己的分量；后者什么都没有。他们对不起自然，看来只不过偶然披上了人形，因而也可以列入万物之长罢了。

我的前人已经拿走了全部有用的、需要的题目，我选不出什么非常精彩的题材了，因此我只能像那些由于太穷，最后才赶到集市的人那样，给自己挑选别人看过而未取、认为没有什么价值的货色。别人挑剩下的、瞧不上眼的，不肯要的货色，我要把它装进我简陋的箱子，不敢运进大城市，只是拿到小村子里去兜售，卖一点公道价钱。

（意大利）达·芬奇

一个人要善于读书，必须是一个发明家

一个人要善于读书，必须是一个发明家。像格言里说的“要想把西印度群岛的财富带回家来，必须先把西印度群岛的财富带出去。”因此有创造性的写作，就应有创造性阅读。有鉴别力的人读柏拉图与莎士比亚的时候，只读那最少的一部分——只限于真正明哲之言——其余的他全部扬弃了，好像它不是千真万确的柏拉图或莎士比亚的著作一样。

（美国）爱默生

脑筋柔软使人胸襟宽阔

脑筋硬化，失去了吸收新知能力的人，也就必然的变成浅陋、偏狭乃至和环境不能融洽，反过来说，愈是脑筋柔软，能够敏捷而多量地吸收新的知识，那么所见所闻愈加丰富，胸襟愈加宽阔，对人接物也会愈加圆转自在。

（中国）夏　衍

读书须日积月累

读书，宁可每天少读一些，但必须养成每天读书的习惯，这样才能积土为山，积水为渊，逐步地积累起为人、治学和习艺所必需的各方面的知识，才能逐步地由不懂到懂，由懂到通，熟能生巧，走到得心应手的境地。

（中国）夏　衍

读书是永远的追求

我喜欢，将读书当做永远的追求，心甘情愿将余生的岁月，交给书本。如果因为看书隐居，而丧失了一般酬答的朋友，同时显得不通人情，失却了礼貌，那也无可奈何，而且不悔。

（中国台湾）三　毛

我的书和牙刷都不错，实在强求，给人牙刷

读尽天下才子书，是人生极大的赏心乐事。在我而言，才子的定义，不能只框在纯文学这三个字里面。

不太向人借书回家，借的书是来宾，唯恐招待不同，看来看去就是一本纸，小心翼翼翻看它，仍是见山是山，见水是水，不能入化境。

也不喜欢人向我借书。每得好书，一次购买十本，有求借者，赠书一本，宾主欢喜。

我的书和牙刷都不出借，实在强求，给人牙刷。

（中国台湾）三　毛

旅游是长知识的妙方

俗话说行万里路，读万卷书。旅行本是以长见闻最直接的吸收方法。

我个人的旅行方法是先看书，看地图，大略了解了要去的国家是怎么个情形，然后再亲身去印证一番，我发觉用这种方法去行路比毫无概念的进入一个陌生国度乱闯的收获要多得多的。

（中国台湾）三　毛

不要做永远漂泊的旅人

谁喜欢做一个永远漂泊的旅人呢？

如果手里有一天捏着自己的泥土，看见青禾在晴空下微风

里缓缓生长，算计着一年后收获，那份踏实的心情，对我，便是余生最好的答案了。

（中国台湾）三　毛

真正的幸福在于心神宁静

给人幸福的不是身体上的好处，也不是财富，而是正直和谨慎。

凡想安宁地生活的人，就不应该担负很多的事，不论是私事还是公事，也不应该担负超乎他的能力和本性的事。甚至当命运向他微笑并似乎要把他引向高处时，也还是小心为妙，不要去触动那超过他的能力的事。因为中等的财富比巨大的财富更可靠。

愚蠢的人按照命运提供给他们的好处来安排生活，但认识这些好处的人们却按照哲学所提供的好处来安排生活。

能使愚蠢的人学会一点东西的，并不是言辞，而是厄运。

不要企图无所不知，否则你将一无所知。

实际上我们丝毫不知道什么，因为真理隐藏在深渊中。

（古希腊）德谟克利特

美德是一切财富的源泉

我不做别的事情，只是劝说人家，敦促大家，不管老少，都不要只顾个人的财产，首先要关心改善自己的灵魂，这是更重要的事情。我告诉你们，金钱并不能带来美德，美德却可以给人带来金钱，以及个人和国家的其他一切好事。

（古希腊）柏拉图

节制欲望使人身心协调

放纵是感官快乐的祸患，节制不是它的惩罚，而是它的调料。

（法国）蒙台涅

“和谐就是美”，它是人性世界最高的理想

陀斯妥耶夫斯基说：“美会拯救世界。”川端康成说：“如果宇宙的心是一颗.那么每一颗心就是宇宙。”重要的是探求调和、探求外在的和内在的平衡美。

（苏联）罗古诺夫

人无休闲娱乐，就像穿衣服而没有镜子一样

闲暇是存在必然的果实和花朵，它使人面对自己，所以内心拥有真实财富的人，才真正知道欢迎闲暇。然而，大多数人的闲暇又是什么呢？一般人把闲暇总当做一无是处似的，他们对闲暇显得非常厌倦，当做沉重的负担一样。这使他的个性，成为自己最大负担。

（德国）叔本华

淡泊、宁静使人高瞻远瞩

夫君子之行，静以修身，俭以养德，非澹泊无以明志，非宁静无以致远。

（中国）诸葛亮

道义高于一切

鱼，我所欲也，熊掌，亦我所欲也，二者不可得兼，舍鱼而取熊掌者也；生亦我所欲也，义亦我所欲也，二者不可得兼，舍生而取义也。

（中国）孟　子

真正幽默是更紧密地与哲理相联系

恶意的幽默（以伤害某人来使大家捧腹），反禁忌性的幽默（硬气滑稽的猥亵的笑话）都不会使他们感到开心。他们幽默的特点在于：常常是更紧密地与哲理而不是与其他东西相联。这种幽默也可以称为真正的人的幽默，因为它主要是笼统地取笑人类的愚蠢，忘记自己在宇宙中的位置或者妄自尊大。这种幽默有时以自嘲形式出现，但自嘲者绝不会表现得像个受虐狂或者小丑。林肯的幽默很可能从来没开过伤害他人的玩笑，他的许多甚至绝大部分玩笑都有某种意义，远不止仅仅引人发笑的作用。它们类似寓言，似乎是一种更有趣的教育形式。

（美国）马斯洛

不智之举可能导致不幸

智，是一种判别是非的天赋能力。孔子仁，智并言，是因智足以辅仁，使仁能有恰当的表现。爱人而不能知人，很容易被蒙蔽、陷害。报纸上有时会报道歹徒利用人的同情心使你上当；母亲对孩子的爱，如果对孩子没有相同的了解，对孩子所说的话，没有判别的能力，也同样会被孩子所欺骗。在复杂的事务上表现仁爱，尤其需要智的能力，否则纵有仁爱之心，因“不智之举”，结果反而可能导致不幸。

（中国）韦政通

不求深刻，只求简单

我避开无事时过分联络的友谊，这使我少些负担和承诺。

我不多说无谓的闲言，这使我觉得清畅。

我尽可能不去缅怀往事，因为来时的路不可能回头。

我当心的去爱别人，因为比较不会泛滥。

我爱哭的时候便哭，想笑的时候便笑，只要这一切出于自然。

我不求深刻，只求简单。

（中国台湾）三　毛

快乐是第一要素，胸襟是基础

好好地活下去，快乐是第一要素，胸襟是基础，体谅他人，是有学问的另一种解释。如果培养这种观念，人生是可以好好地活下去的。

（中国台湾）三　毛

幸福是一种灵性上的喜悦

一般的人，以及许多有社会地位的人物，往往误以为“名利就是快乐，快乐就是幸福”，这是绝大的错误。“幸福”是得自内心的领受，是一种灵性上的喜悦，是个人生命的充实、发扬，以至于完成。而快乐是来自外界的刺激，是一种官能上的满足，是虚浮的荣华和物质的享受而已！前者是“深刻”而“真实”的，后者是“浅薄”而“空虚”的，两者根本不是一回事。普通人拼命追逐名利，拼命向上爬，祈求着住高楼大厦，乘坐自用司机的轿车，祈求着走下飞机有一长列的手等他去握，胡言乱语也有群众鼓掌如仪。固然，这类的事除了官能的享受以外，还能造成洋洋自得的感觉；可是，这种快乐的感觉，是外在的，是诉之于浅薄的社会大众认可的，究竟其中有多少真正的东西？有多少能让自己内心颤动的喜悦？恐怕是少之又少了。不过，普通人能抓住一点快乐的气氛，也不为过；他们要的就是那些，他们不愿意寻求，或者根本就不懂得灵性的东西，他们是随着潮流而飘浮的虫沙而已！如此一个知识分子，甚至高等学府的教授或有头有脸的文化人，也如此追逐营求，沾沾自喜，那真是可耻而又可悲！

（中国）郭　枫

纯真的丧失乃是生命中可怕的损失

三张小脸，乃是三面明亮的镜子呀！谁没有过她们那样新鲜的生命呢？谁没有过她们那样溢满了感情的心灵呢？可是，从什么时候起，我们的生命竟然渐渐地失去了好奇、冲动、认真等等可贵的本质？从什么时候起，我们就变得冷漠、浮华而无情趣了？而我们本来温柔潮润的心灵，从什么时候起，竟在庸俗中风干，很难挤出一些纯真来？年龄渐长，阅历渐丰，一片童心也渐渐失落，这不是生命很可怕的损失么？

真恋念刚才那段快乐的时光。生命中要是能永远和纯真的心灵为侣，就是叫我做一只蚱蜢也好！做一只蚱蜢，让我和纯真的心灵为侣，互相欣赏，将美丽如一篇童话了。

（中国）郭　枫

命运总是不尽如人意的

站在生命彼岸，方能领悟生命的真谛

活着的人对于生命的谴责归根到底只是一定类型的生命的征兆，至于是否有道理，这个问题完全没有藉此而提出来。一个人必须在生命之外有一个立足点，用不同的方式，如同已经活过的一个人，许多人，一切人那样去了解生命，方能真正触及生命的价值问题。

(德国) 尼　采

命运总是不尽如人意的

命运多么奇怪而令人不可捉摸地耍弄着我们啊！我们什么时期得过我们所愿望的东西？我们什么时候达到过我们的力量仿佛足以胜任的目的？事情总是不如人意的。命运赐给一个人几匹骏马，却偏叫他冷淡地驾着它们奔驰，丝毫不去注意它们那份神美；另外一个人一心一意渴慕着马，却偏叫他只能够步行，千里驹在他身旁走过的时候，只有咂咂舌头的份儿。

(俄国) 果戈理

生命是永恒不断的创造，

而身体的最高价值在于它表现人格

生命是永恒不断的创造，因为在它的内部蕴含着过剩的精力，它不断的流溢，越出时间和空间的界限，它不停的追求，以形形色色的自我表现的形式表现出来。我们活生生的身体有各种生命器官，它们在保持身体功能方面是重要的，但是身体不是一个为盛放胃肠、心脏肺和大脑之用的皮囊；身体是一个形象——它的最高价值在于它表现出人格。它有颜色、形状和运动，其中大多数都是多余的，它们的用处只是为了自我表现，而不是为了自我保存。

(德国) 席　勒

时间是最伟大的批评家

时间的步伐有三种，未来姗姗来过，现在像箭一般飞逝，过去永远静止不动。

(德国) 席　勒

没有一种不幸可与失掉时间相比了

冰，在阳光中消融了。而人的生命，却要在时光的流逝中结晶。一切都不是我们的，而是别人的，只有时间是我们的财产。

（古罗马）塞涅卡

时间是我的产业、财产和田地

时间是个常数，但对勤奋者来说，是个变数。用“分”来计算时间的人，比用“时”来计算时间的人，时间多五十九倍。

（苏联）雷巴柯夫

生命的出现一定有他的理由

生命是一定有它的意义的。我们一定不是白来一次的，每个人的出现都一定有他的理由，有不同不相信的安排，也许，一生就只是为了某一个特定的刹那而已……我不能说生命不甜，我不能说生命不美。

（中国台湾）席慕容

走出去是一种寻求，再回来是一种肯定

走出去是一种寻求，再回来是一种肯定。年轻人出国进修，是必要的培植工作能力和树立正确观念的教育过程。回来

服务，是严肃的献身行为。因此，我们不只希求回来服务的青年朋友也希求所有良知未泯的读书人，我们在生活的境界上，也要能“走出去，再回来”！我们要从庸俗的物质泥沼走出，可是，绝不能存着知识分子的优越感，知识分子的德行，在许多方面并不比乡野市井的小市民优越，有什么可骄傲的？我们必须回到平凡的人群中，和生我养我的人群，同其呼吸，同其共苦，彼此提携着把中国推向光明的未来。

（中国）郭　枫

在有限空间里过无限广大的日子

一切不着边际的想法，如果我守着自己淡泊宁静的生活原则，我根本不会刻意去追求它。对于生活的环境，我也抱着一样的态度。我唯一锲而不舍，愿意以自己的生命努力的，只不过是保守我个人的心怀意念，在我有生之日，做一个真诚的人，不放弃对生活的热爱和执着，在有限的空间里，过无限广大的日子。

（中国台湾）三　毛

我希望每一个人都指出我的毛病

不，现在我并不期待掌声：我真想一下子钻进包厢，藏身于楼座，坐在后排的池座，总之，挤身于一切可能的地方，趁观众的意见和印象刚刚产生，非常直接、新颖，还没有受到行家和报人的影响，每个人只凭自己的判断说话的时候，广泛听取他们的反映。这对我是非常需要的，因为我是一个喜剧家。评判其他种类作品的人不多，而一个喜剧家应当受到所有人的评判，任何观众都有权品评他，三教九流的人都是他的审判官。啊，我多么希望每个人都能向我指出我的缺点和毛病！

（俄国）果戈理

人们往往欢呼拿破仑，却忘了拿破仑身后的士兵

世间的事一向如此，受奖的永远是那些有幸将伟大事业进行到底的人，而所有那些用自己的智慧和鲜血促使这功德成为可能和现实的人，却总是被人遗忘。

（奥地利）茨威格

世界上最怯懦的事就是害怕

我们目前的悲剧是，每个人都惧怕肉体的痛苦，但时间久了，对此惧怕也习以为常，而全然不考虑到精神问题，只是老想着；我们什么时候被炸？由于这点，现在的男女在写作时，就完全忘了只有描写人类内心的自我冲突才能成为上乘之作，也只有那种主题才值得花心血去写。

人类之不朽并非只因他在万物之中有着无穷无尽的声音，主要是由于他具有心灵，有同情、牺牲及忍耐的精神而待人，作家的责任就在于写这些事情，他们有权利帮助人类行进精神

领域，提醒人民过去曾有过的光荣，如勇气、荣誉、希望、自尊、同情及牺牲精神，诗人的作品不只是人类的记录，也可以说是帮助人生及超越一切的支柱。

（美国）福克纳

人不仅要活得幸福，还要活得尊贵

人虽是个动物，希望活得幸福，但是人究竟和别的动物不同，还需要活得尊贵！如果少数人的幸福，原来完全奠基于一种不必的习惯，这个习惯的继续，不仅使多数人活得卑屈而痛苦，死得糊涂而悲惨，还有更可怕的，是这个现实将使下一代堕落的更加堕落，困难的越发困难。我们怎么办？如果真正的多数幸福，并决定于一个民族劳动与知识的结合，从极合理方式中将它的成果重作分配，在这种情形下，民族中一切优秀分子，方可得到更多自由发展的机会。在争取这种幸福的过程时，我们实希望人生要活得尊贵些！

（中国）沈从文

处世无心对普通人来说是一种智慧

处世无心对普通人来说，则是一种智慧，更是一种愉悦。该来的一样也少不了，如同春之来临，每株树都绽出绿叶，并无彼此之分。

处世无心，但谁都怕因此遭人暗算。实际上，诡计这东西对天真的人来说是毫无效用的，只有你费尽心机去迎接时，它才奏效。再者，所谓暗算能算去人什么？算不掉人的笑容，也算不掉人的品德。

倘若只算去一些可有可无的钱财名誉，就不如随它算去。因为你照样可以在每天早上露出一脸灿烂的笑容。

因而无心只是弃绝名利之心和烦恼之心，于是浑身轻松。

那些仁人志士处世做人，都是坦荡无心的。他们的心是苏东坡说的“以天地为心”。

这是一颗大心。

（中国）原　野

朋友之间留一点余地

别丢了朋友

交友不仅是一种感情的交往、交流，还是生活重要的扩充。我们每个人都有一定的局限性，生活的环境、生活的内容、生活的经历都被内外的因素规划了，圈定了，因此，我们的视野、见地、经验、心胸，便容易为这种“规划”与“圈地”所限制，只能狭小、只能浅薄、只能片面。比较而言，男人比女人博大些，他们有更广泛的兴趣，更注重对外部世界的关注，更多一点探索与冒险精神。而我们女人如果有了爱情与家庭之后，连交往朋友的热情都减退得一干二净，那么，她的生活、胸怀只能一天天的更窄更小。而许多悲剧的产生，就因为源于“更窄、更小”的缘故。

真的，别丢了朋友，而真正的爱情、真正的幸福，是一个心里有世界，有自己的人才能真正创造、真正获得的。

（中国）陆星儿

淡淡的花香

其实，我喜欢的不仅是那朵花，而是伴随着那一朵花同时出现的所有的记忆；我喜欢的甚至也许不是眼前的大自然，而是大自然在我心中唤起的那一种心情。

今天，我从朋友那里听到了一句使我动心的话，他说："友谊和花香一样，还是淡一点的比较好，越淡的香气越使人依恋，也越能持久。"

真的啊！在这条人生的长路上，有过多少次，迎面袭来的，是那种淡淡的花香？有过多少朋友，曾含笑以花香贻我？使我心中永远留着他们微笑的面容和他们的淡淡的爱怜。

（中国台湾）席慕容

有益与有用

朋友有好几种，有的朋友是"有用"的朋友，你有求于他的时候，他会很慷慨的，不辞辛苦的帮助你。又有的朋友不是"有用"的朋友，而是可以谈心的朋友。这种朋友对你的思想情感和内在有启发和安慰的作用。他可能不会在实用的事物上帮你的忙，但是和他在一起时，会使你觉得如面对美景，心旷神怡。又像是在读一本内容丰富的书，使你的内心品德得到益处。因此，在交朋友之际，不可只看对方对自己是否有用，而更要问对自己是否有益。

(中国台湾) 罗　兰

知音，可遇不可求

所谓知音，本来就是可遇而不可求的。在你遇不到他的时候，你想求也求不来，你痛苦也没有用。当然，你更不必抱怨人间冷酷无情，也不必自鸣孤高，与世隔绝。

人与人之间，心灵上的一点契合是很微妙的事。所以有人用“磁力感应”或“缘份”来解释人与人之间的感情或友谊。

当你们互相了解的时候，就是互相了解，当你们彼此看不顺眼的时候，就是看不顺眼。要找出其中具体的理由，也许是很困难的。

也就因为如此，我才劝你不要把所谓的知音，列为人生必不可少的项目。有它，你固然很幸运，没有它，也并非上帝待你不公。

(中国台湾) 罗　兰

幸福的关键

人生的幸福，必须用自己的智慧和力量去争取，去维护。其中最重要的一项，就是赢得真正的朋友。

人体需要吸收合适的食物，才有营养；人的心灵的营养，便是知己朋友的精神相契。

一个人纵然赚得巨大的财富，不一定就会快乐；唯有获得朋友的纯真友谊，才值得高兴安慰。

西谚说得好："告诉我你的朋友是谁，我便知道你是哪种人。"交朋友的目的，就是要以朋友的卓越榜样和高尚人格来做效法的对象。在你的人生过程中，必须在和知己朋友彼此契合的灵魂合唱中，你才有真正的成长。

（中国）宋　瑞

朋友之间

有人用感情交朋友，有人用理智交朋友。用感情交友的人，对朋友的好处和缺点一律钟爱，对朋友的错误也大量宽容。用理智交朋友的人对朋友是非分明，但也正因为他的诤言直谏，会使朋友得到更大的益处。这两种人交友的态度虽然不同，但他们好朋友的诚意则是一样的。

（中国台湾）罗　兰

友情是自由

交友只是人生寂寞的旅途偶然的同路客，走完某一段路，他要转弯，这是他的自由。在那段同行的路上，你跌倒了他来扶你，遇到野兽一同抵抗，这是情理之中的。路一不同，彼此虽然关念，但也就无法互相援助。但是这时候彼此也许就遇到新的同路客了。

随着环境的变动，任何人在每一个阶段中都会有不同的一群朋友往还，很多昔日的朋友，虽仍牵系心中，要保持亲密却是相当吃力，友谊我以为是很难永固的，能够超越时空依然屹立的友情，其实已经包含爱情的成分。仅是一时投契的朋友，散开后，即使重聚，各人在思想修养感觉上的改变，已经导致大家难以重建昔日的关系。然而所谓的知己朋友，起初交往时的情浓，令他们在离别后的惦念中依旧互相吸引，即使分隔多年，相见还是如故的，这就是爱情的友情。

纯粹的友情是自由的，今天萍水相逢，彼此尊重的欢聚，明天可以平淡的分手，甚至忘记大家。带着爱的友情是浪漫的，却也可以是痛苦的，因为“爱”里便开始要求恒久，便开始不能容忍更多的对象，一旦其中一方面对旧知己失去热情，或者将爱平分甚至转给了新朋友，另一方面只得默然承受，于是如今我祈求的，只是在一段同行的路上，彼此温暖的朋友。

（中国）草　雪

朋友之间留一点余地

我不相信朋友是愈老愈好，有些人相识几十年，几年才见面一两次，说些风花雪月等闲话，完全没有一点认识，倒比不上新交而互相了解的，就算认识再久，又如何？

我也不相信似熟卖熟这一套，朋友之间，留一点余地，互相敬重，总是好事，滚瓜烂熟般，把很多事情当成是应该的，难免弄得大家不开心，人总是人，有点私心又怎能算是例外？说到面子，给你是人情不给是道理，人家不高兴给，少提为妙，理直气壮地告诉人家倒是不给自己面子了。

（中国）韵　琴

意外的喜悦

已经学会了从来不对朋友感到“失望”，因为根本不“寄望”什么，又哪来失望？

要求朋友为你做事情吗？人家做是人情，不做是道理，人常常自顾不暇，哪来空余时间为人做事，何况朋友总不止一人，出于对方自动自发还好，否则稍存希望都是非分之想，做人一定更快活更轻松。

很羡慕古人侠义之风，讲人情讲义气，一诺万金，为朋友两肋插刀，为了应诺一句话而赴汤蹈火万死不辞，尤其是武侠小说的情和义，真叫人向往和佩服，当然也明白，这些，要付出多少的代价！而且可能只是小说中的乌托邦。

很觉得朋友是生命中的大元素，尤其知道自己不是一个可以孤独过生活的人，我喜欢可以和朋友共享快乐，阿泉时时笑我，说我摆了个“乌龙”也要告诉人家，穿件衣服有人称赞句就要声明是新的。就怕少了朋友谈天。的确，我喜欢和朋友欢度快乐时光，我想人家知道我当时是多么兴奋，让人家也为我高兴，但是我却不祈望人家分担我的困难和痛苦，也不想博取别人的同情，我很相信独吞痛苦的好处，办不到的该慢慢练就，日子有功，不会难的。

朋友既然这么重要，(共度快乐时光啊!) 就别希冀和做过分要求，到时候，有所收获是意外的喜悦，没有呢，也绝不会觉得失落，该有多好。

(中国) 韵　琴

弃友

航海有时需要“弃船”，人生有时需要“弃友”，二者皆是非常之举。

“朋友是装在两个脑子里的一个灵魂”，倘若如此，根本没有“弃友”一词。但交友选择错误，或朋友的人格起了变化，这就发生如何由朋友变成非朋友的问题，弃友不得法往往使一个庞大的正数突然变为负数，殊非吉事。

文中子早就警告我们：“先交后择，多怨。”那时，朋友与仇敌亦如剃刀边缘。如果要“弃”的是一个异性密友，就更不简单了。

(中国) 王鼎钧

当有人背离了你

我心爱的人背离了我。我信赖的人辜负了我，可我还得帮助他们，还得为他们祝福。

是的，我的经历改变了他们在我心中的形象。但我不愿放弃对他们的期望。我愿记住他们？我愿为他们祝福，在他们身上毕竟还有一点儿东西在闪光。

我不愿为此舍弃了对人们的信念。因为那正是您所给予我的最好的财富：没有了它，我们自己的存在也就变得虚幻，变得色彩黯淡。

我愿为一切我熟识和心爱的人祝福。让我们大家努力保持彼此的信念。

更要为那些使我失望的人祝福。因为正是他们才更需要帮助，更需要用你的力量来填补他们的空虚和缺陷。

帮助他们，为他们祝福吧，愿他们黯淡了的心灵重放光焰。

（美国）玛乔丽·霍尔姆斯

联系两心的桥

桥搭筑在两岸之间。

友情，联系于两心之间。

在生命的道途中，我们有机会遇到了一些人，知识、心情形成了我们精神上的契合点，也成为一道友情的桥梁，搭筑于两心之间。

但有时候由于疏忽、过失、误解，竟使那道桥梁上出现了裂缝，终于坍塌了。我们无法由此岸到达彼岸，两心之间的交通站竟然完全断绝，昔日甘美的友情，转变成伤心的回忆。

由于友情桥梁的坍塌，友人与友人之间，乃成了相隔遥遥的星球。

在静寂的深夜，多少人怀念着失落的友情，而感到无限的憾恨。纯真的友情虽已失落多时了，但它仍然发着精金般的光芒，在回忆中闪烁。多少人希望那只被自己握持过的手又来叩敲门环啊。虽然时光已过去很久了，但他的笑语，仍似燕子般在寂寞的空气中飞翔；他坐过的位子上，仍似留有余温；由那只手插在瓶中的花朵，虽已枯萎多时，但芳馨犹未散尽。时光正如一本写得很动人的书，篇篇页页上，都写着他的名字。

但每个人只愿在那里等待，而不肯出去追上那犹未去远的背影。从不想将自己的疏忽、失误加以补正，重修好那道坍坏的桥梁，使失去的友情再度过其上，来到自己心灵的门前。

打开抽屉拿出一张笺纸来吧，只消写上几行就够了，真实原是最简单也最感人的，故无须过分的渲染、修饰，

披上那件风雨衣，登上友情那座寂寞的小楼吧。不要担心那友情的门扉已经上了锁，以纯真的友情铸造一把钥匙，那把锁还未曾完全锈了关键。

等你重新修好了那道友情的桥，你将看到他自桥的那一端向你走来，脸上涌现着那样灿美的笑容，原来在隔绝期间，他并未曾将你遗忘。

（中国）张秀亚

陌生不是重重关山

缥缥缈缈，那声音在空中滚动，越过大街小巷，化成真切的波动，漾到我耳中。

你那含笑的语调，从不可见的地方发出，你的神态却鲜明地攫住了我的眼神。

陌生并不是重重关山，有了真诚引路，就会在摸索中找到捷径。即使是相处短暂，也可以心灵相通。

听吧！那缥缥缈缈的声音，不是变得如此玲玲珑珑！

（中国）陶　然

心灵的对白

多少值得珍惜的痕迹都消失在岁月里，消逝在风里和云里。在有意或无意间忽略了一些，在有意或无意间再忘记了一些，然后，逐渐而缓慢地，我蜕变成今日的我，站在你眼前的我，如你所说：一个单纯而又自然的我。

然而，这样的单纯和自然，是用我所有的前半生来作准备的啊！我用了几十年的岁月来迎接今日与你的相遇，请你，请你千万要珍惜。亲爱的朋友，我对你一无所知，我不求你的赞美，不求你的恭维，不求你的鲜花和掌声，我只求你的了解和珍惜。

我们只能来这世上一次，只能有一个名字。我愿意用千言万语来描述这种只有在人世间才能得到的温暖与朦胧的喜悦。

我很高兴我能做中间的那一种人，我不羡慕上智，因为没有挫折的他们，不发生错误的他们，尽管不会流泪，可是却也失去了一种得到补救机会时的快乐与安慰。

（中国台湾）席慕容

纵使相逢应不识

我们曾经是天堂的树，相约到凡尘。

你只在天上耽搁一日，我已在世间苍老千年。一个灵魂与另一个灵魂就这样擦肩而过。

将渐成枯木的纤手钉成栅栏，遮住我的面容，我怕你打这儿经过，看见我憔悴的脸。十指成林，林中无你；双掌无声，无声即妙音——有血因你而烧。任百年又百年岁月从指尖流淌而过，任身内身外，烟飞烟灭，在永恒的静止中吐纳虚无。

某一日，有一种气息，从地平线的彼端，远远而来。我猛然转身，左右手食指与中指的缝隙间，一个绿色的身影，正在穿越尘埃，独自行经旷野，然后一闪而逝。

依稀记得一句宋词：纵使相逢应不识，尘满面，鬓如霜

（中国）楚　楚